地球观测与导航技术丛书

线摄影测量

周国清　著

科 学 出 版 社

北 京

内 容 简 介

本书从分析 CAD 模型与视觉模型入手，提出工业物体三维自动量测和重建的线摄影测量理论，包括线摄影测量理论用于目标体素（包括由直线、二次曲线、相交线、自由曲线组成）、复杂工业零件（包括体素相对模型坐标系只存在平移、只存在旋转，以及同时存在平移和旋转三种情况）三维量测和重建的数学模型。由于高精度提取工业物体的影像边缘是线摄影测量的前提和基础，因此，书中提出高精度检测工业物体的影像边缘与高精度定位工业物体的角点的数学模型和方法。为了利用线摄影测量数学模型软件包，书中提出面编码解译原则（包括编码标记、编码组合、编码分割）和基于面解译的模型匹配识别工业物体各个组成部分（体素）的方法。最后本书介绍线摄影测量软件及试验结果，并总结该方法的优缺点。

本书可供摄影测量、工业量测、机器人视觉、计算机视觉、影像处理工作者和研究人员参考，也可以作为各类高等院校相关专业本科生、研究生教学参考书。

图书在版编目（CIP）数据

线摄影测量/周国清著. —北京：科学出版社，2017.7
（地球观测与导航技术丛书）
ISBN 978-7-03-052091-3

Ⅰ.①线… Ⅱ.①周… Ⅲ.①摄影测量–研究 Ⅳ.①P23

中国版本图书馆 CIP 数据核字(2017)第 050321 号

责任编辑：苗李莉 李 静 / 责任校对：何艳萍
责任印制：徐晓晨 / 封面设计：图阅社

科 学 出 版 社 出版
北京东黄城根北街 16 号
邮政编码：100717
http://www.sciencep.com

北京中石油彩色印刷有限责任公司 印刷
科学出版社发行 各地新华书店经销

*

2017 年 7 月第 一 版 开本：787×1092 1/16
2019 年 1 月第三次印刷 印张：12 3/4
字数：310 000
定价：99.00 元

(如有印装质量问题，我社负责调换)

《地球观测与导航技术丛书》编委会

《地球观测与导航技术丛书》编写说明

地球空间信息科学与生物科学和纳米技术三者被认为是当今世界上最重要、发展最快的三大领域。地球观测与导航技术是获得地球空间信息的重要手段，而与之相关的理论与技术是地球空间信息科学的基础。

随着遥感、地理信息、导航定位等空间技术的快速发展和航天、通信和信息科学的有力支撑，地球观测与导航技术相关领域的研究在国家科研中的地位不断提高。我国科技发展中长期规划将高分辨率对地观测系统与新一代卫星导航定位系统列入国家重大专项；国家有关部门高度重视这一领域的发展，国家发展和改革委员会设立产业化专项支持卫星导航产业的发展；工业和信息化部、科学技术部也启动了多个项目支持技术标准化和产业示范；国家高技术研究发展计划(863 计划)将早期的信息获取与处理技术(308、103)主题，首次设立为"地球观测与导航技术"领域。

目前，"十一五"规划正在积极向前推进，"地球观测与导航技术领域"作为 863 计划领域的第一个五年计划也将进入科研成果的收获期。在这种情况下，把地球观测与导航技术领域相关的创新成果编著成书，集中发布，以整体面貌推出，当具有重要意义。它既能展示 973 计划和 863 计划主题的丰硕成果，又能促进领域内相关成果传播和交流，并指导未来学科的发展，同时也对地球观测与导航技术领域在我国科学界中地位的提升具有重要的促进作用。

为了适应中国地球观测与导航技术领域的发展，科学出版社依托有关的知名专家支持，凭借科学出版社在学术出版界的品牌启动了《地球观测与导航技术丛书》。

丛书中每一本书的选择标准要求作者具有深厚的科学研究功底、实践经验，主持或参加 863 计划地球观测与导航技术领域的项目、973 计划相关项目以及其他国家重大相关项目，或者所著图书为其在已有科研或教学成果的基础上高水平的原创性总结，或者是相关领域国外经典专著的翻译。

我们相信，通过丛书编委会和全国地球观测与导航技术领域专家、科学出版社的通力合作，将会有一大批反映我国地球观测与导航技术领域最新研究成果和实践水平的著作面世，成为我国地球空间信息科学中的一个亮点，以推动我国地球空间信息科学的健康和快速发展！

李德仁

2009 年 10 月

序

　　这本书是周国清同志在他的博士学位论文基础上发展起来的一本专业书籍。周国清同志 1991～1994 年在我的指导下从事博士学位论文的科学研究。1991 年我在苏黎世工业大学(Eidgenössische Technische Hochschule Zürich，ETH Zürich) 讲学期间，了解到国际上一些研究者通过增加航空影像的数量来提高三维重建目标的精度和可靠性，这个工作的前提是必须在多幅航空影像上找到同名特征点，通过同名点匹配获得视差来计算三维坐标。然而，在工业摄影测量中，物体的表面往往是光滑的，在影像空间无法找到同名点，这样，传统的方法遇到了挑战。为此，我希望周国清同志在博士生学习期间，能在特征摄影测量方面做一些探索性工作。周国清同志通过三年多的努力，提出了线摄影测量的理论体系，即无特征点条件下工业物体三维重建的理论，包括单个体素的三维重建数学模型（如直线特征、二次曲线特征、相交线特征、自由曲线特征）和复杂工业零件三维重建的数学模型（如体素坐标系与模型坐标系存在平移、旋转，以及同时存在平移、旋转三种形式），并对线摄影测量的质量控制进行了讨论，包括非同名点的数量、分布对线摄影测量精度的影响。另外，他还提出了以面作为基元的面解译规则来识别工业物体，包括编码标记、编码组合、编码分割等规则，以及以面为基元的属性图、视素属性图、属性超图的构成规则和属性名、属性值的构成规则及它们的数据结构，包括编码指针设置、属性图、属性超图的属性结构表示、回塑法图匹配的砍枝等技术。这些研究内容部分已经公开发表在国内外期刊上，如《国际摄影测量与遥感》(*ISPRS Journal of Photogrammetry & Remote Sensing*)、《美国摄影工程与遥感》(*Photogrammetric Engineering & Remote Sensing*)、《测绘学报》、《电子学报》、《测绘通报》等。由于周国清博士在该领域的贡献，他 1996 年获德国洪堡基金（Alexander von Humboldt-Stiftung）的资助，在德国柏林工业大学 (Technische Universität Berlin，TUB) 从事相关领域的进一步研究。

　　周国清博士几十年来一直不断地追求科技创新，该书是他在遥感与摄影测量领域早期的研究成果。在当今工业互联网 4.0 时代，这些研究成果对智能制造中的三维自动建模仍然具有理论和实用价值，所以我支持这本书的出版。当然我也希望看到他在将来出版其他更多的著作。

李德仁

2016 年 6 月 15 日

前　言

　　本书是作者在武汉测绘科技大学（现武汉大学）的博士学位论文基础上发展起来的一本专业科技书籍。书中主要阐述在影像空间无法找到同名点的情况下，如何利用摄影测量原理对目标进行三维重建的理论和方法，该理论和方法突破了传统数字摄影测量用同名像点(点-点匹配) 方法来重建目标的理论。这个研究领域在 20 世纪 90 年代是国际上最先进、最热门的研究方向，出现了很多科研成果。20 多年以来，该研究领域仍然吸引了国际上许多研究者竭尽全力地不断探索，但仍有许多问题尚未解决。本书的出版希望能激发青年科研工作者在该领域继续探索。

　　本书共 7 章。第 1 章回顾计算机视觉和线摄影测量的发展过程，阐述两者之间的关系，该章的研究内容发表在 1996 年《计算机用户》期刊（编辑特约）（周国清，唐晓芳. 1996. 计算机视觉及其应用. 计算机用户, (8): 5-6）。第 2 章描述用于线摄影测量三维量测的工业零件的表示方法，即把工业零件看成由若干个体素经布尔操作拼合而成。第 3 章描述工业零件影像边缘的高精度定位的数学模型和方法，该数学模型是以直线经过的像元灰度与通过直线方程计算出来的像元灰度之差的平方和最小为判据，以进入零区为约束条件的非线性规划数学模型。该章的研究内容发表在 1996 年《测绘通报》期刊上（周国清. 1996. 工业物体直线边缘定位方法的研究. 测绘通报, (3): 9-14）。第 4 章系统地推导线摄影测量量测工业零件的数学模型，包括：①单个体素量测的数学模型（如直线特征的数学模型、二次曲线特征的数学模型、相交线特征的数学模型、自由曲线特征的数学模型）；②复杂工业零件量测的数学模型（体素坐标系与模型坐标系只存在平移、旋转、以及同时存在平移、旋转三种情况），并讨论各种数学模型求解过程的初始值确定方法。第 5 章讨论线摄影测量的质量控制，包括线摄影测量的自断诊、自适应两种质量控制方法。第 4 章和第 5 章的研究内容发表在 2001 年美国《摄影工程与遥感》期刊（Zhou G Q, Li D R. 2001. CAD-based object reconstruction using line photogrammetry for direct interaction between GEMS and a vision system. Photogrammetric Engineering &Remote Sensing, 67(1): 107-116）和 1994 年《测绘学报》期刊上 (李德仁，周国清. 1994. 用线特征摄影测量对目标体素进行量测和重建的可行性研究. 测绘学报, 23(4): 267-275)。第 6 章描述以面作为基元的面解译规则，包括编码标记，编码组合、编码分割规则，并提出以面为基元，面解译为基础的属性图、视素属性图、属性超图的构成规则和属性名、属性值的构成规则；提出基于面解译的模型匹配识别工业零件的数据结构，包括编码指针设置、属性图、属性超图的属性结构表示、回塑法图匹配的砍枝等技术。第 7 章描述线摄影测量自动量测软件系统，以及试验结果和量测精度。第 6 章和第 7 章的研究内容发表在 1997 年《国际摄影测量与遥感》期刊上 (Zhou G Q. 1997. Primitive recognition using aspect-interpretation model matching in both CAD-and LP-based measurement systems. ISPRS Journal of Photogra-mmetry & Remote Sensing, 52: 74-84)和 1996 年《测绘学报》期刊上(周国清，李德仁. 1996. 基于面解译的模型匹配识别体素. 测绘学报，25(1): 37-45)。

研究生刘娜对本书的文稿校对、图表加工，付出了艰辛的劳动，在此表示感谢。

由于作者知识水平有限，书中难免存在不妥之处，敬请各位专家、读者不吝批评指正。作者邮箱为：gzhou@glut.edu.cn。

周国清

2017 年 3 月 11 日

目　录

第1章 概　　述

1.1　中国制造 2025 与摄影测量

世界各国对工厂自动化及机器人视觉越来越感兴趣，研究越来越活跃，计算机辅助设计（CAD）/计算机辅助制造（CAM）、计算机视觉（CV）、智能机器人（IR）的集成被认为是未来工厂全自动化制造系统发展的必要组成部分。Bhanu 和 Ho（1987）早在 1987 年就为工厂的自动化发展设计了如图 1-1 所示的全自动化制造系统框架。

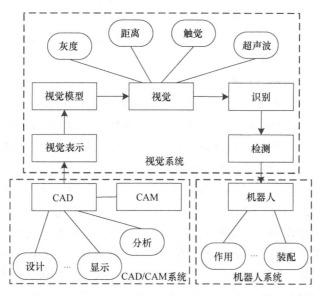

图 1-1　未来工厂自动化制造系统（Bhanu and Ho，1987）

如图 1-1 所示的自动化制造系统中，有三个主要的部分，分别是：CAD/CAM 系统、视觉系统和机器人系统。CAD/CAM 系统用于设计、分析、制造每个零件产品；视觉系统用于处理来自诸如摄像机、激光抓拍器、红外传感器等数据采集设备输入的信息，它提供机器人工作的环境、定位、识别和设计零件的评价等信息；机器人系统主要是监视、检测及从事装配和操纵工作（Bhanu and Ho，1987）。

近年来，随着经济的不断增长，国家对工业制造提出了新的要求。2015 年政府工作报告提出，要实施"中国制造 2025"，坚持创新驱动、智能转型、强化基础、绿色发展，加快从制造大国转向制造强国。在这一过程中，智能制造是主攻方向，也是从制造大国转向制造强国的根本路径（国发〔2015〕28 号文件）。在摄影测量领域，工业制造 2025 发展的重点是全自动化和智能化，现在面临的关键问题是如何把 CAD 模型与智能机器人系统（intelligent robot system，IRS）化为一个整体来进行视觉识别、检测、监视、装配和操纵。由于传统 CAD 系统的主要目的是设计新的形状，因此它强调的是人机交互设计、操作设置、图形显示、透视图、示意图，以及有限元分析，主要侧重于创造、调节、分析和优化设计。而机器人视觉系统的主要目的是分析已存在的物体，以便对其进行识别、监视、检测与量测等管理工作。而且由于已存在的依靠于模型产生的视觉系统与起初用于设计、制造这些物体的 CAD/CAM 系统之间没有明显的关系，这样就导致了未能充分利用 CAD 系统中的数据和知识来导引计算机视觉过程。因此，需要人们去架起 CAD 系统与计算机视觉系统的一座桥梁，以实现将来工业制造的全自动化过程。

许多科研工作者都试图从不同的研究角度去跨越这条鸿沟。例如，IEEE 工作组于 1991 年 7 月召开了"基于 CAD 视觉的未来自动化研究方向"的研讨会议，其目的是评价这一领域的研究现状，确定进一步的研究方向。在 1992 年的计算机视觉和影像理解（computer vision, graphics and image processing, CVGIP）会议上，《影像理解》（*Image Understanding*）编辑 Bowyer（1992）教授发表了题为 *Introduction Special issue on direction in CAD-based vision* 的文章，呼吁人们努力研制一种用于工业环境的实用计算机视觉系统。以上的研究表明，利用 CAD 模型进行视觉处理已成为国际上重要的研究课题。早期从事这一领域的国内外研究者主要包括：CAD 研究者，如梁友栋等（1988）、孙家广和辜凯宁（1994）、张申生（1990a, b）；计算机视觉研究者，如 Woo（1982）、Joshi（1987）、Liu 和 Chen（1988）、Flynn 和 Jain（1991a, b）、Henderson 和 Gundlach（1983）、Hansen 和 Henderson（1989）；机器人视觉研究者，如 Brooks 和 Binford（1981）、周运清和张再兴（1989）、迟健男（2011）、冯其强等（2013）。

CAD 研究者主要工作是寻求一种能用于设计、制造和检测三大环节共享模型的造型系统。这是因为几何模型是设计、制造和检测三大环节共享的模型，在当今的设计、加工方法和检测手段均发生巨大变化的今天，已有的实体造型方法尚不能满足设计、制造和检测各个环节的要求。因此迫切需要研制出一种设计、制造和检测一体化的造型系统，如早期国内的清华大学计算机系 GEMS 系统、北京航空航天大学 PANDA 系统、上海交通大学南方 CAD 研究中心、浙江大学 CAD 图形图像处理国家重点实验室等，都在这方面作出了卓有成效的成绩。

计算机视觉、机器人视觉研究者则主要是探索如何根据已有的 CAD 模型来表示用于视觉处理的视觉模型，同时根据影像提取出有益于视觉处理且与 CAD 模型相关联的特征来进行视觉处理。例如，计算机杂志在 1987 年连续刊登 Bhanu（1987）的题为《基于 CAD 的机器人视觉》和《用于机器人视觉的基于 CAD 的 3D 曲面物体表示》的两篇论文。这两篇论文针对 CAD 系统与机器人视觉系统的主要区别，以及共同需要解决的挑战难题等作了详细的讨论。另外，早期还发表了大量的基于 CAD 模型的视觉处理文献，如 Flynn 和 Jain（1991b）用不变特征的解译表示来识别三维物体；Dickinson 等（1992a, b）及 Bajcsy 和 Solina（1987）从现代视觉心理学家 Biederman（1985）的"从部件到识别"（recognition by components）得到启迪，提出从体素（primitive）到视觉（vision）来识别三维物体；Ponce 等（1992）提出用 CAD 模型计算 3D 曲面物体的姿态；Seales 和 Charles（1992）建议从遮挡的等值线来估计物体的姿态。另外，还有 Shapiro（1980）、

Hansen 和 Henderson（1989）、Henderson 和 Gundlach（1983）等都提出了相关的工作，有关这部分的工作将在 6.4 节里详细描述。

1.2 计算机视觉的发展及现状

1.2.1 Marr 视觉计算理论的成就与困惑

计算机视觉是利用计算机模拟人眼的视觉功能，从图像或图像序列中提取有用的信息，并对客观世界的三维景物和物体进行形态和运动的识别。计算机视觉研究的目的之一是寻找人类视觉规律，从而开发出从图像输入到自然景物分析的图解理解系统（Marr，1982）。早期计算机视觉研究者提出了许多的科学问题，如视觉规律是什么、能否分出阶段、能否和人一样抽取特征等，这些问题一直困扰着国际学者。最引人注目的是美国麻省理工学院（Massachusetts Institute of Technology，MIT）人工智能实验室的 Marr 教授创建的"视觉计算理论"，他把视觉分成三个阶段，并用零交叉方法自动抽取图像的特征（Marr，1982）。

Marr（1982）教授认为视觉可分为三个阶段：第一阶段是初始图像（primal sketch）。这个阶段把二维图像中的重要信息表达清楚。实验证明，对于明暗突变部分要比明暗渐变部分要重要得多，其中物体的边界、顶角和交边等要素往往是首先需要注意的。视觉运动分析证明了从二维图像中提取运动信息与从二维运动信息中恢复三维结构这两个阶段可以分别独立解决，这是一个重要进展。第二阶段是二维半简图（2.5D sketch）。这个阶段主要是描述可见表面的三维信息，隐藏在背面的看不见表面信息，这个阶段集中地把看得见的表面深度恢复，由于它是不完全的三维恢复，故称二维半（2.5D）。第三个阶段是三维模型表示。如果要恢复一个物体的三维信息，人们必须附加条件或增加约束和经验知识，或通过预先建立模型来恢复它的三维信息。Marr（1982）提出了用体模型和面模型表示一个物体的三维结构，这就需要对物体的形状作出完全、清楚的描述。在这个方面早期的研究工作还包括：Marr 和 Nishihara（1980）把这方法用于立体视觉匹配；Grimson 和 Hildreth（1985）从心理物理学的观点发现检测零交叉的细胞；Grimson（1985）实现了用 $\nabla^2 G$ 立体图像匹配。

自 20 世纪 70 年代末 Marr 提出他的视觉计算理论以来，他的观点逐步为大多数计算机视觉研究者所接受，并成为这一领域中的主导思想。50 多年来，在 Marr 的理论框架下，不同门类中的研究人员从不同的技术背景出发，根据各自研究领域的需要，开展了一系列的科学研究，取得了举世瞩目的成绩。这些不同研究者背景分别来自于：计算机信息科学、机器人学、计算机图像学、智能科学、摄影测量学、视觉心理和生理学、神经解剖学以及微电子技术等，这种"八方风雨会中州"上下求索的情况使计算机视觉取得了一大批的科研成果。这些成果包括在计算理论层次上发现了许多重要的基本约束，诸如立体视觉中的外极线约束，运动分析中的光流基本方法及其后来的改进，等等，也包括了数据结构和算法层次上的各种算法。

然而，20 世纪 80 年代末和 90 年代初，研究者发现，曾经给人们很大希望的 Marr 视觉计算理论在实际应用过程中遇到了挑战，无法解决实际中的许多问题，而且遇到这种困难是屡见不鲜，其中最主要的问题是对客观世界的三维景物分析，也就是"从景物图像或系列图像求出景物精确的三维几何描述并定量地确定景物中物体的性质——即景物分析问题"（Brunstrom et al., 1990）。在这个问题上，作者认为，Marr 提出的视觉计算理论毕竟是一般性地揭示用二维图像恢复三维物体形态的可能性和基本方法，它突出的是一个"通用性"（特别在早、中期视觉阶段），尤其是从二维图像中定性地恢复物体的形状和位置，而客观世界实际的视觉问题比 Marr 视觉计算理论要复杂和困难得多。因此，20 世纪 80 年代末和 90 年代初，人们对马尔视觉计算理论提出了"批评"，对马尔这一理论框架在解决具体对象时出现的一些问题展开了不同意见的讨论。他们认为："马尔视觉计算理论在信息传输路线上是单向的，没有反馈回路；然而在生物视觉系统研究过程中发现了有许多从高层次向低层次传送信息的神经纤维，甚至视网膜上也有许多来自中枢的神经，给予支配信息，虽然这种反馈神经的确切作用尚不明确，但是它可以证明，视觉系统应该有反馈存在"。另外，人们认为："马尔视觉计算理论框架是固定的，与系统进化和个体学习而得的识别功能情况不符合"。所以，*Computer Vision Graphics and Image Processing*（CVGIP）：*Image Understanding*（IU）第 53 卷第一期杂志上发表了 Jain 和 Binford（1991）的"计算机视觉系统中的无知（ignorance）、短视（myopia）、天真（naivete）"（*Ignorance，myopia and naivete in computer system*）的论文。同期上也发表了 Snyder（1991）、Huang（1991）、Kevin 等（1991）、Aloimonos 和 Resenfeld（1991）的四篇文章：①*A commentary on the paper by Jain and Binford*；②*Computer vision needs more experiments and applications*；③*Revolutions and experimental computer vision*；④*A response to "ignorance，myopia，and naiveté in computer vision systems"*。这些文章是对 Jain 和 Binford 的文章作出的"回应"。此外，在其他杂志上也发表了类似的讨论文章，如《国际模式识别快信》（*Pattern Recognition Letters*）第十三卷第四期上的 Pavlidis（1977）的文章：*Structural pattern recognition*，这些讨论当时在全世界引起了广泛的关注，因此也引起了国内一些学者的关注，如中国《模式识别与人工智能》期刊第五卷第四期发表了吴立德（1992）、李介谷（1992）、边肇祺（1992）、宣国荣（1992a，b）四位同志的文章。他们关心的问题和挑战概括起来主要是（吴立德，1992）：①"几十年来，以马尔视觉计算理论为导向的计算机视觉在理论算法上取得了可喜成绩，但它在解决实际问题时出现了问题"。他们认为："计算机视觉系统中存在的无知、短视、天真的含义是：无知，即没有充分利用已有知识、没有强调知识的重要性；短视，即没有充分考虑时空约束；天真，即缺少实验分析和验证"。他们都认为图像理解的每一阶段都要用到先验知识与推理，一般而言，早期处理带有普遍意义的知识，如灰度阶跃处即是边缘；后期处理过程则要用到明确的物体模型知识。②"人的视觉功能是通过几亿万年遗传进化的血肉之躯的'灵犀'，要使计算机来完成具有人或接近人的视觉功能是一个遥远的目标"。正如 Pavlidis（1986）所指出的那样："如果我们不去结合实际情况确定一些为实际应用所能接受的子目标，那么对计算机视觉现状的失望就是不可避免的。"也就是说，对于要建立可以类比人类视觉功能的通用型、普遍型计算机视觉系统，这可能有相当漫长的路要走，因此，我们目前的努力方向应该是，针对某个领域特殊的需求，研究出该领域专用的计算机视觉系统。

1.2.2 "视觉计算"之我见

20世纪80年代末和90年代初，由于计算机视觉在实际应用过程中遇到了问题，国际研究者对计算机视觉的发展产生过悲观和失望。典型的代表有：美国Pavlidis教授在1986年法国召开的第8届国际模式识别会议上说（Pavlidis，1986）："图像处理领域最近15年进展不大，如绘一幅多灰度的图像要勾画出景物中的'目标'，人是很容易做到的，但让计算机视觉来实现几乎是不可能的，因此我们不得不修改我们的提法，把识别目标化为识别目标的可见表面，即把三维计算机视觉降到二维半计算机视觉。"1990年在美国召开的第十届国际模式识别会议上，美国马里兰大学Aloimonos（1992）教授写了一篇《有目的的、定性的主动视觉》（*purposive and qualitative action vision*）的文章。他说："相比人的视觉能力，机器视觉相差甚远，主要原因是①提取有用的视觉信息涉及太多的计算；②视觉计算的方法和算法的稳健性、可靠性太差；③在用于恢复客观世界时，视觉系统包含了许多不必要的数据和计算内容。"他开发的Medusa（希腊神）机器人视觉就是一个主动视觉系统，其视觉能力主要是求解一些是非题、有目的、且稳健视觉问题。Jain和Bihford（1991）认为："现在视觉计算所采用的研究方法不对，仅仅利用已熟悉的工具，并不一定适合所解决的问题，因此现在视觉计算是'工具驱动研究方法'、'知识利用不够'（无知）、'没有充分考虑时空约束'（短视）和'缺少实验分析和验证'（天真）。"Aloimonos和Resenfeld（1991）认为："以Marr视觉计算理论为代表的视觉计算理论将视觉规定为从场景图像中精确地获到三维几何信息，根据目前的水平来说，这个要求太高、计算太复杂、求解太困难，实际应用中这些定量计算也是不必要的，因此，可用定性视觉来代替定量视觉。"Ballard和Brown（1992）从人工智能出发，提出："视觉感知是将输入的视觉数据与已有的客观世界模型建立一种模型关系，在这种建立关系中，知识库的表达、类比推理技术显得非常重要。"Schenk（1999）从摄影测量传统的地球表面三维重建的角度出发，概括地叙述了基于知识系统的必要性。他提出："由于人类视觉感知总是把各种已认知的模型（点、线及其组合）与实际影像对比，所以仅借助于表示客观世界的像素数据来驱动数据/信号处理过程是困难的，还必须有一个基于符号的模型来驱动（或知识引导）的影像理解过程，通过影像分割、分组和符号表示与各种假设模型的对比来解释和识别物体目标。"

总之，针对计算机视觉在实际应用过程中存在问题，国际研究工作者的共同想法是，从增加背景知识入手，或增加对场景与任务的约束，或增加输入信息，或降低输出要求，或将定量改为定性，以便大幅降低视觉难度。他们尤其强调视觉理论计算模型要重点结合具体对象引入知识。他们认为，任何一个视觉感知系统都依赖于各种形式的知识，无论是生物还是机器感知系统，其目的都是为了构造现实世界的模型，并用这个模型与物理世界发生相互作用。在构造模型的过程中，系统要用到物理知识、传感知识和该系统所应用领域的一般知识等。为此，Bajcsy和Solina（1987）、Aloimonos（1992）等提出"有目的的视觉"、"面向任务的视觉"、"主动视觉"和"定性视觉"等概念和理论框架。

作者认为，"横看成岭侧成峰，远近高低各不同"，这句古诗表明了人类视觉由于视点的角度不同及距离远近使人们对客观世界的理解和认识产生了差异。更何况计算机视觉只是对人的视觉功能的模拟，在对客观世界的识别上更是差之遥远。尽管用计算机来逐步地、更好地实现人类视觉功能还有相当漫长的路要走，然而"路漫漫其修远兮，吾将上下而求索"。不管这一过程有多少困难，道路多么曲折和起伏，科学研究总是"深山不绝行路客，恶水仍有摆渡人"。更是由于这门学科模拟人类智能活动，而使其本身带来生机，来自各方面的科学研究者迎着荆棘丛生的道路，不畏步履艰难，不断把这门学科向前推进，它的发展必将为人类社会科技发展、文明进步立下显赫战功。

1.3 摄影测量的发展及现状

1.3.1 摄影测量发展的简单回顾

摄影测量科学已经发展了一百多年。如果说 20 世纪初到 50 年代，摄影测量主要是以测绘各类基本地形图、各种专题图和目标图为目标的模拟摄影测量（analog photogrammetry）时代；那么，随着电子计算机的发展及计算方法的不断改进，60~80年代，就是解析摄影测量（analytical photogrammetry）的黄金时代。特别是计算机科学与技术、信息技术、计算机视觉与图像处理技术、微电子、光电子、半导体技术的迅速发展，以及各类交叉学科的快速发展与更新给摄影测量输入了新鲜的血液；90 年代，是数字摄影测量（digital photogrammetry）开花与结果的季节。进入 21 世纪，摄影测量作为认识客观世界、进而改造客观世界的一门学科，它的发展已经不可同日而语，具体可从以下六个方面来分析。

（1）数据感知器和成像仪：传统的框架式中心摄影测量数据获取是利用软片或硬片作载体，通过星载（spaceborne）、机载（airborne）、地载（groundborne）等方式获取黑白或彩色硬拷贝（hardcopy）影像。随着光电技术的发展，影像获取手段已经从原来的多光谱成像仪、彩色成像仪、红外成像仪、全息摄影仪到光谱分辨率只有 2~5 nm、波段 220~300 波段的高光谱成像仪。而且高速视频摄影机的应用，使数据获取达到实时每秒 200 幅。另外，各种雷达资源遥感影像、哈雷望远镜摄取的影像，以及先进的合成孔径雷达获得的，包含相位信息的相当完整的遥感信息都说明我们获取数据的手段能够从宏观到微观范围，而且是多时相的、多传感器、多谱段的数字影像。

（2）数据获取平台：传统的数据获取平台主要是卫星、有人飞机和三脚架。随着航空航天技术的发展，各种新型遥感平台相继出现，主要有星载如极地卫星、地球同步卫星、低轨卫星、飞行器、穿梭机；机载如有人飞机、无人飞机、飞艇；地载如移动车、三脚架、船等。

（3）数据处理手段：随着各种先进遥感成像仪的出现，摄影测量数据处理所涉及的相关学科及计算方法所解决的实际问题发生了翻天覆地的变化。这种变化充分体现了摄影测量与数学、计算机视觉、计算机图形学、计算机信息科学、计算几何学、计算机软/硬件工程学、通信学等学科的深度交叉与融合。

（4）研究范围：摄影测量研究范围及对象远远超过了地球表面。从空间结构来看，宏观上包括空间星体、星座、地球全球、地球局部；微观上包括电子显微镜下的花粉细胞分裂；从时间结构上来看，动态范围包括巡航导弹运动图像与地形的实时匹配、弹道轨迹测量、利用光流计算三维物体信息、运动目标的实时跟踪；静态范围包括利用航空影像自动生成 DEM；从应用范围来看，包括建筑物变形、古文物测量、工业摄影测量、生物及医学测量。也就是说，摄影测量研究范围和涉及的领域已经渗透到国民经济的各个领域。

（5）最终产品：摄影测量产品已经不再是单一的地形图，而是以计算机网络为基础的数字和图形相结合产品，如 Google Earth 将正射像片、平面图、GIS 的各种属性数据、GIS 矢量数据、三维景观图、数字地面模型（DEM）、城市建筑物数字模型（DBM）及计算的行走方向和路线、量测的面积和体积、工程进程图和工程预算表、工程建筑费用估算等融合在一起。

（6）测量仪器：早在 20 世纪 60 年代发展的以光学、机械为基础的传统摄影测量仪器——模拟测图仪，发展为由计算机控制的摄影测量仪器——解析测图仪，到了 80 年代末和 90 年代初，摄影测量发展成为以单个计算机为单元的全数字摄影测量工作站（digital photogrammetry workstation，DPW）。无论是模拟测图仪、解析测图仪还是机助摄影测量系统均采用摄影光学影像（正片或负片）作为仪器输入，且都具有一整套精密的光学与机械系统作为观测与量测系统。数字摄影测量则不同，它采用数字影像或数字化影像作为系统输入，从硬件而言，数字系统实际上是一套计算机系统或工作站（张祖勋，1992）。目前，摄影测量已经发展成为面向网络为基础的云计算、格网计算和大数据计算的新一代摄影测量数据处理平台，而不是传统的测量仪器的概念。

总之，正如李德仁院士早在 1991 年指出："摄影测量这些发展说明了摄影测量已不是单单为测制地形图为目标的一门学科，而是由摄影测量学、遥感地理学、计算机图形学、数学图像处理、计算机视觉、专家系统及航天科学与传感技术相结合的一个大的边缘学科——图像信息工程科学。"（李德仁，1991a，b）这就说明，摄影测量是影像信息获取、处理和成果表达的一门信息学科。

1.3.2 近景摄影测量与机器视觉的关系

作为摄影测量在工业上应用而独占鳌头的近景摄影测量（更贴近说，工业摄影测量）已成为摄影测量的一个重要科学分支。它已成功地用于运动物体、质量控制、作业线上在线质量检测、制造（装配、分类、切割、铣、焊接、表面处理）、运输、导航、监视和物体识别（Fraser，1988）。这些应用的主要任务是精确地测量三维坐标及精确模型三维表面。因此，它将具有处理与传统三维坐标量测机相同的功能。然而，就量测范围和大小而言，可大到热电站 160 多米高的冷却塔或几百米高的电视塔，小到显微镜下 10μm 左右，甚至纳米的样品；就表面性能而言，可以是光滑的、分层次的，也可以是粗糙的；就表面形态而言，可以是平面式三维物体，也可以是三维纹理变化非常高的物体；就表面材料而言，可以是金属表面，也可以是陶瓷或任意材料物体；就研究的状态而言，物体可以是静止的，也可以是运动的或序列的；就研究物体的时空分布而言，可以是空间分布，也可以是时间分布；就研究物体的时间而言，可以是某一固定时刻，也可以是多时域的。

一般来说，工业摄影测量量测系统可分为离线量测（off-line）和在线量测（on-line）。其主要区别是，离线量测系统主要是影像获取与数据处理分开，它包括传统的单目、立体坐标量测系统。在线量测系统主要是指影像获取与数据处理之间没有任何耽搁。早在20世纪60年代，摄影测量量测系统就在工业量测上得到广泛的应用，那时只有少量的摄影测量公司、大学或研究所开展这项研究，研制的量测系统主要是量测工业上各类部件，如形状、尺寸、表面材料；量测的任务可能完全不同，包括孔、边缘、角点、直径、距离和各种各样的特殊零件。由于有些工业零件是非刚性的，致使研制的坐标量测系统无用武之地。在90年代初，由于现代化工厂对量测的精度、可靠性、灵活性、自动化程度要求非常高，传统的摄影测量技术和设备已经不能满足工业发展的需要，迫切需要一种能用于量测各式各样的物体的灵活量测系统，于是现代工业需求的发展驱动了工业摄影测量的发展。

工业摄影测量追逐的是实时或准实时处理，也就是说，从数据获取、数据处理到产品输出之间没有时间滞差。因此，人们又称为"实时摄影测量"（real time photogrammetry，RTP），或"准实时"（near-real time photogrammetry）（Grun，1993），Kratky（1978）和 Pinkney（1978）也采用此名词。实时与摄影测量相连接是指完成记录、量测和解释影像所开销的最长时间为实时作业所允许。它与机器人快速反应周期有关，或者虽存在滞差，但在指定时间内处理，它与在线是同义词（Haggrén，1992）。RTP 系统一般包括摄影机、数字图像处理软硬件设备（如影像处理器），在高速下实现影像边缘增强、边缘检测、特征提取、目标识别、影像匹配、摄影测量计算等，控制装置和各种输出设备。RTP 系统用于许多领域，诸如机器人、工业过程、质量控制、立体量测领域；还可用于自动线上非规格产品的自动剔除和分类，并为危险区域、遥远距离作业的机器人提供实时而准确的空间信息。就目前国际上几家研制的 RTP 系统可知，其最大的应用还是在现代化工厂自动化中。例如，Brown（1981）研制的、用于美国宇航工业公司的 STARS 系统主要用于飞机外形设计检测；芬兰技术研究中心 Haggrén（1986）报告了 MAPVISION（machine automated photogrammetric vision system），主要用于工业检测和装配控制；苏黎世大地测量与摄影测量研究所 Grün 和 Beyer（1986）研究的 DIPS 系统，该系统能进行湍流量测，汽车车身、飞机零件表面重建，人体运动测定；另外，El-Hakim（1986）研制的 RTP系统可以对工业物体进行三维坐标量测和 CCD 相机的性能评估，Luhmann（1991）在1987年研制的："实时综合量测系统"能对圆形、椭圆形目标，三维边缘（直线、圆），三维表面（平面、断面），三维要素（球，圆柱）等进行量测。Fraser（1988）认为："机器视觉是通过自动对物体进行非接触传感来提供决策处理和行动所需要的充足信息，它的主要目的是通过机器的一致性判断代替人类的非一致性判断来提高产品质量和增加产品数量；通过使用视觉功能来加快操作速度、分级、分类、检测和减少成本。"

作者从机器视觉（计算机视觉）与 RTP 的关系这个角度来分析 RTP 在机器视觉中的作用。机器视觉、机器人视觉和计算机视觉与 RTP 的关系是：计算机视觉阐述了场景分析和影像理解的理论和基本算法，机器视觉提供传感器模型和系统因素（含硬件），它利用机器视觉原理，在规定的时间内解决问题。也就是说，它从直接获取的各种信息中，快速处理数据，得到场景的分析和三维描述。无论是从影像数据获取、数据处理，还是对物体或零件进行量测，缺省检测，判断有无物体和对工业零件进行定位、定向、识别、验证，以及匹配影像物体等功能来说，机器人视觉与 RTP 是等同的。

从几十年 RTP 的研究和发展来看，摄影测量在计算机视觉、机器视觉、机器人视觉中发挥了不可替代的作用。反过来，计算机视觉成为 RTP 发展的主要推动力。可以想象，未来 RTP 系统将是一个基于知识的，用于工业检测、3D 坐标量测的智能系统，也就是说，RTP 将是集影像理解和影像计量的一门科学。

1.4　线摄影测量的发展及现状

在数字摄影测量发展过程中，利用影像匹配技术产生数字高程模型已经达到很高的自动化程度，但它们都是基于影像上点-点的匹配，这种点-点匹配是很成功的。在实时摄影测量过程中，尤其是在工业摄影测量过程中，大量的工业物体表面是光滑的，也就是说，没有明显的点特征，人们开始研究如何利用线特征代替点特征进行数字摄影测量（刘建伟等，2010）。而且，从影像中提取线特征比点特征容易，且工业物体图像、运动图像、卫星图像，线特征比点特征多。基于这个原因，联合线特征与摄影测量的线摄影测量（line photogrammetry，LP）应运而生。也就是说，线摄影测量就是联合线特征与摄影测量原理来进行摄影测量处理（包括：相对定向、绝对定向、后方交会、内定向和像片纠正），达到与立体摄影测量相同的目的。

早在 1975 年，Doehler（1975）就使用水平直线和垂直直线作为控制用于近景摄影测量，后来许多学者推导了用铅直线（plumb line）、直线、平行线、正交线、任意线及平面作为相对控制（即所谓的虚拟观测值）一起参与摄影测量平差的数学模型，并成功地应用于近景摄影测量（冯文灏，1985）。但在航空摄影测量中，线与线特征的概念最早是 Masry（1981）在 *Photogrammetric Engineering and Remote Sensing* 杂志上发表了 *Digital mapping using entities: A new concept* 文章，他把影像线特征和空间线特征分别称为影像实体（image entities）和空间实体（spatial entities），提出了用三次样条函数来拟合实体做空间绝对定向。Lugnani（1982）在 Helsinki 第十五届 ISPRS 大会的第Ⅲ专业委员会上发表了 *The digitized features——a new source of control* 文章，他发展了 Masry（1981）的思想，提出了用线特征代替点特征做卫星影像的变形改正和空间后方交会的数学模型，其线特征同样采用样条函数。Paderes 等（1984）在 Purdue 大学土木工程学院做访问学者时，发表了 *Rectification of single and multiple frames of satellites scanner imagery using points and edges as control* 文章，他利用扫描影像中的边缘线特征成功地对卫星影像进行纠正。Mulawa 和 Mikhail（1988）在东京第十六届 ISPRS 大会第Ⅲ专业委员会上发表了 *Photogrammetric treatment of linear features* 文章，他推导了用线性特征（linear features）作空间后方交会的数学模型。Kubik（1991）发表 *Relative and absolute orientation based on linear features* 文章，他推导了用直线特征和圆特征作相对定向和绝对定向的数学模型及所需要的最少条件，如像片数量与量测像点的数量。1992 年他又在第十七届 ISPRS 大会第III专业委员会上发表 *Photogrammetric restitution based on linear features* 文章，再一次提出用直线和圆特征作相对定向和绝对定向，并讨论像片数和量测的像点数量对的唯一解的关系。Strunz（1992）在他的博士论文中详细地讨论了用线性特征对影像进行内定向、相对定向、绝对定向及物体重建，并分析了为了获得唯一解时线特征的最佳分布、最小条件。同时他又在第十七届 ISPRS 大会第III专业委员会上发表 *Features based on image orientation and object reconstruction* 文章，阐述相同的观点。Zielinski（1992）在华盛顿第十七届 ISPRS 大会第III专业委员会上发表了 *Line photogrammetry with multiple images* 文章，他第一次正式提出了线摄影测量的概念。他在文献中用多线交于一点的线摄影测量计算航空影像上房屋角点的三维坐标。以上这些线摄影测量的试验表明，用线摄影测量进行摄影处理能达到甚至高于立体摄影测量的精度。

在计算机视觉研究领域，直线、曲线和多边形常用来计算 3D 运动参数和物体的结构特征。利用 2D 与 3D 对应的线特征对摄影机定标的包括 Dhome 等（1989）、Liu 等（1990）及 Chen 和 Huang（1990）。利用 2D 影像直线特征与 2D 影像直线特征作相对定向的包括 Liu 和 Huang（1988a，b）及 Spetsakis 和 Aloimonos（1990）。利用 3D 空间直线特征与 3D 空间直线特征匹配确定刚体运动参数和光流场的包括 Kim 和 Aggarwal（1987）、Chen 和 Huang（1990）。另外，还有 Chen 和 Tsai（1990）、Tsai 和 Huang（1984）利用曲面测定刚体三维运动参数，以及 Haralick（1984）利用参数曲线的透视投影求解相机参数。

1.5 本书的内容和安排

在数字摄影测量领域内，基于明显特征点的点-点匹配方法已非常成熟。在应用于三维工业零件进行在线自动量测时，由于工业零件无明显特征点，但存在着大量的光滑边缘的特性，这种方法已不再适用。一种传统的激光投点、贴标志方法也因为增加劳动强度、时间滞差大、自动化程度低、不能在线质量控制等一系列问题而不能大力推广。尤其是，这些传统的量测方式、输出的最后结果是栅格数据，不是工业零件的几何信息。也就是说，传统的量测方式所得的结果无法直接反馈到 CAD 系统，只有通过转化后才能实现 CAD 与计算机视觉之间的通信、互相渗透和相互作用。

然而，柳暗花明又一村，作者在本书中提出的用线摄影测量技术来解决上述这些问题起到抛砖引玉的作用。这是因为利用线摄影测量技术对工业零件进行自动量测考虑了工业零件存在如下特点。

（1）物体表面没有明显的特征点，只存在一些有价值、有几何性质的线特征。

（2）工业零件是由有限的、规则的、常见的体素或体素经布尔操作拼合而成。

（3）这些常见的体素能在体素坐标系（局部坐标系）内，用解析函数形式明显地表达出来。

（4）工业零件的设计是根据体素的几何信息和位置信息，而不是根据传统摄影测量中栅格三维点坐标设计的。

本书旨在通过用线摄影测量技术来解决上述一系列的问题。作者提出了一系列如何解决这些问题和架起这座桥梁的数学模型、技术理论和实施办法。其章节的主要安排如下所述。

第 2 章，分析和讨论线摄影测量所使用的 CAD 模型的表示方法：①对于非自由曲面的工业零件是基于 CAD 系统中 CSG 和 B-rep 相结合的方法；也就是说，用线摄影测量量测和重建工业零件是把工业零件看成由若干个体素经布尔操作拼合而成（CSG），而体素的各个面，用其边界表示（B-rep），即 CSG 和 B-rep 相结合的方法。②对于自由曲面，用线摄影测量量测与重建自由曲面是基于曲面造型的思想。它把曲面分成若干个曲面片，每个曲面片由其边界条件决定，因此量测自由曲面就转化为量测边界曲线。③拓扑信息的恢复是基于影像属性关系图与模型属性关系图之间的一致性匹配，借助于 CAD 的拓扑信息恢复影像的拓扑信息。并提出线摄影测量中实时量测的数学模型。它包括直线特征、二次曲线特征、相交线特征、自由曲线特征。对于以上四种线特征，详细地讨论了它的数学模型。

第 3 章，描述如何对高精度定位工业零件边缘的数学模型，此数学模型是以直线经过的像元灰度与通过直线方程计算出来的像元灰度之差的平方和最小为判据，以进入零区为约束条件的非线性规则数学模型，并详细地讨论整个计算过程。

第 4 章，系统地推导了线摄影测量对工业零件进行自动量测与重建的各种形式下的数学模型。包括：①单个体素量测与重建的数学模型（直线特征的数学模型，二次曲线特征的数学模型，相交线特征的数学模型，自由曲线特征的数学模型）；②复杂工业零件量测与重建的数学模型（体素坐标系与模型坐标系只存在平移，只存在旋转和同时存在平移、旋转三种形式），同时附有大量的模拟试验验证数学模型的正确性；③讨论了直线未知参数、二次曲线未知参数、相交线未知参数、自由曲线未知参数、坐标系平移未知参数、坐标系旋转未知参数的初始值确定方法。

第 5 章，提出了线摄影测量的质量控制，推导了点的数量、点的分布对求解未知参数的精度的影响，并讨论了线摄影测量的自诊断、自适应两种质量控制方法。

第 6 章，提出了用于线摄影测量的工业零件的识别的理论和方法。该理论和方法是以面作为基元的面解译原则，包括编码标记，编码组合、编码分割原则。具体包括：①提出了以面为基元，面解译为基础的属性图、视素属性图、属性超图的构成原则和属性名、属性值的规定；②讨论了如何用计算机实现基于面解译的模型匹配识别工业零件的各个组成部分的数据结构；包括区域编码指针设置、属性图、属性超图的属性结构表示、回塑法图匹配的砍枝等技术。

第 7 章，提出了基于线摄影测量对工业零件进行自动量测与重建系统的设计思想，并用此系统编制的软件对实际工业零件进行全自动量测与重建实验，以验证系统。

参 考 文 献

边肇祺. 1992. 计算机视觉要更好地面向应用. 模式识别与人工智能, 5(4): 272～275
迟健男. 2011. 视觉测量技术. 北京: 机械工业出版社

冯其强, 李广云, 李宗春. 2013. 数字工业摄影测量技术及应用. 北京: 测绘出版社

冯文灏. 1985. 非地形摄影测量. 北京: 测绘出版社

国发〔2015〕28 号文件. 2015. 中国制造 2025. http: //www.sdpc.gov.cn/zcfb/zcfbqt/201505/t20150520_692490.html. 2015-5-8

李德仁. 1991a. 从摄影测量学到影像信息科学. 测绘通报, 4: 6～30

李德仁. 1991b. 摄影测量、遥感与地理信息系统的结合. 武测科技: 1

李介谷. 1992. 在应用中成长着的计算机视觉. 模式识别与人工智能, 5(4): 266～270

梁友栋, 胡希明, 毛根生. 1988. 立体几何造型系统图形数据库. 自动化学报, 14(1): 24～30

刘建伟, 梁晋, 梁新合. 2010. 大尺寸工业视觉测量系统. 光学精密工程, 18(1): 126～134

孙家广, 辜凯宁. 1994. 三维几何造型系统-GEMS. 计算机学报, 249～258

吴立德. 1992. 计算机视觉需要更扎实、更艰苦的工作. 模式识别与人工智能, 5(4): 261～265

宣国荣. 1992a. 计算机视觉领域有益的争论. 模式识别与人工智能, 5(4): 276～278

宣国荣. 1992b. 人工智能与模式识别的成就与展望. 微型电脑应用, 1: 2～11

张申生. 1990a. 基于单元分解的实体构造几何技术. 计算机辅助设计与图形学学报, 2: 14～23

张申生. 1990b. 一种构造实体模型的新方法. 计算机辅助设计与图形学学报, 2: 14～23

张祖勋. 1992. 数字摄影测量发展中的几个问题. 武测科技, 1: 6～11

周国清, 唐晓芳. 1996. 计算机视觉及其应用. 计算机用户, 8: 5～10

周国清, 袁保宗, 唐晓芳. 1996. 论 CCD 相机标定的内、外因素: 畸变模型与信噪比. 电子学报, 24(11): 10～17

周运清, 张再兴. 1989. 智能机器人系统. 北京: 清华大学出版社

Aloimonos Y, Resenfeld A. 1991. Response to "Ignorance, Myopia, and Naivete in Computer Vision System". In: Jain R C, Binford T O. Computer Vision, Graphics and Image Processing(CVGIP): Image Understanding(IU), 53(1): 120～124

Aloimonos Y. 1992. Purposive, qualitative, active vision. Computer Vision, Graphics and Image Processing(CVGIP), 56(1): 1～2

Bajcsy R, Solina F. 1987. Three dimensional object representation revisited. IEEE the First International Computer Vision, 231～239

Ballard D H, Brown C M. 1992. Principles of animate vision. Computer Vision, Graphics and Image Processing(CVGIP): Image Understanding(IU), 56(1): 3～21

Bhanu B. 1987. CAD-based robot vision. Computer, 13～16

Bhanu B, Ho C C. 1987. CAD-based 3D object representation for robot vision. Computer, 1～35

Biederman I. 1985. Human image understanding: Recent research and theory. Computer Vision Graphics & Image Processing, 31(3): 400～401

Bowyer K W. 1992. Introduction: Special issue on directions in CAD-based vision. Computer Vision, Graphics and Image Processing(CVGIP): Image Understanding(IU), 55(2): 107～108

Brooks R A, Binford T O. 1981. Geometric modeling in vision for manufacturing. In Proceeding of Conference, SPIE on Robot Vision. Washington, 28: 141～159

Brown C M. 1981. Some mathematical and representational aspects of solid modeling. IEEE Transactions on Pattern Analysis and Machine Intelligence(PAMI)-3, 4: 441～453

Brunstrom K, Eklundh J O, Lindeberg G T. 1990. On scale and resolution in active analysis of local image structure. Image and Vision Computing, 8(4): 289～296

Chen H H, Huang T S. 1990. Matching 3D line segments with applications to multiple object motion estimation. IEEE Transactions on Pattern Analysis and Machine Intelligence(PAMI)-12, 9: 1002～1008

Chen S Y, Tsai W H. 1990. A systematic approach to analytic determination of camera parameters by line features. Pattern Recognition, 23(8): 859～877

Dhome M, Richetin M, Lapreste J T. 1989. Determination of the attitude of 3D objects from a single perspective view. IEEE Transactions on Pattern Analysis and Machine Intelligence(PAMI)-11, 12: 1265~1278

Dickinson S J, Pentland A P, Rosenfeld A. 1992a. From volumes to views: An approach to 3D object recognition. Computer Vision, Graphics and Image Processing(CVGIP): Image Understanding(IU), 55(2): 130~154

Dickinson S J, Pentland A P, Rosenfeld A. 1992b. 3D shape recovery using distributed aspect matching. IEEE Transactions on Pattern Analysis and Machine Intelligence(PAMI)-14, 2: 174~198

Doehler M. 1975. Verwendung von pass-linien anstelle von pass-punkten in der nahbildmessung Festschrift K. Schwidefsky. Institute for Photogrammetry and Topography, University of Karlsruhe, Germany, 39~45

El-Hakim S F. 1986. A real-time system for object measurement with CCD cameras. International Archives for Photogrammetry, Remote Sensing, 26(5): 363~373

Flynn P J, Jain A K. 1991a. CAD-based computer vision: From CAD models to relational graphs. IEEE Transactions on Pattern Analysis and Machine Intelligence(PAMI)-13, 2: 114~132

Flynn P J, Jain A K. 1991b. 3D object recognition on using constrainted search. IEEE Transactions on Pattern Analysis and Machine Intelligence(PAMI)-13, 10: 1066~1075

Fraser C S. 1988. State of the art in industrial photogrammetry. ISPRS 16th Congress, Community V, Kyoto, 27(B5): 53~60

Grimson W E L. 1985. Computational experiments with a feature based stereo algorithm. IEEE Transactions on Pattern Analysis and Machine Intelligence(PAMI)-7, 1: 17~34

Grimson W E L, Hildreth E C. 1985. Comments on "digital step edge from zero crossings of second directional derivatives". IEEE Transactions on Pattern Analysis and Machine Intelligence(PAMI)-7, 1: 121~127

Grün A W. 1993. 机器人视觉中摄影测量的最近进展. 武测译文, 2: 9~15

Grün A W, Beyer H. 1986. Real-time photogrammetry at the digital photogrammetry station(DIPS)of ETH zurich. In Proceeding ISPRS Community V, Symposium "Real-Time Photogrammetry—A New Challenge" Ottawa, Canada, 16~19

Haggrén H. 1986. Real-time photogrammetry as used for machine vision application. In Proceeding Symposium "Real-Time Photogrammetry—A New Challenge" Ottawa, Canada, Intelligence Archires of Photogrammetry, Remote Sensing, 26(5): 374~382

Haggrén H. 1992. Real-time photogrammetry and robot vision. In Proceeding of the 43st Photogrammetry Week at Stuttgart University, 245~251

Hansen C, Henderson C. 1989. CAGD-based computer vision. IEEE Transactions on Pattern Analysis and Machine Intelligence(PAMI)-11, 11: 1181~1193

Haralick R M. 1984. Solving camera parameters from the perspective projective of a parameterized curve. Pattern Recognition, 17(6): 637~645

Henderson B M, Gundlach M. 1983. Integrated-circuit test structure which uses a vernier to electrically measure mask misalignment. Electronics Letters, 19(21): 868~869

Hildreth E C. 1983. The detection of intensity changes by computer and biological vision system. Computer Vision, Graphics and Image Processing(CVGIP): Image Understanding(IU), 22: 1~27

Huang T S. 1991. Computer vision needs more experiments and applications. Computer Vision, Graphics and Image Processing(CVGIP): Image Understanding(IU), 53(1): 125~126

Jain R C, Binford T O. 1991. Ignorance, myopia and naivete in computer system. Computer Vision, Graphics and Image Processing(CVGIP): Image Understanding(IU), 58(1): 112~117

Joshi S B. 1987. CAD interface for automated process planning. Ph D Dissertation Purdue University West Lafayette

Kevin W, Bowyer J, Jones P. 1991. Revolutions and experimental computer vision. Computer Vision,

Graphics and Image Processing(CVGIP): Image Understanding(IU), 53(1): 127~128

Kim Y C, Aggarwal J K. 1987. Determing object motion in a sequence of stereo images. IEEE Joural of Robotics and Automation, 3(6): 599~614

Kratky V. 1978. Analytical study of photogrammetric solution for real-time three-dimensional control. Archires of Photogrammetry, 22(V2)

Kubik K. 1991. Relative and absolute orientation based on linear features. ISPRS Journal of Photogrammetry and Remote Sensing, 46(4): 199~204

Liu W G, Chen T W. 1988. CSG-based recognition using range image. IEEE Proceeding, 99~103

Liu Y, Huang T S, Faugeras O D. 1990. Determination of camera location from 2D to 3D line and point correspondences. IEEE Transactions on Pattern Analysis and Machine Intelligence(PAMI)-12, 1: 28~37

Liu Y, Huang T S. 1988a. Estimation of rigid body motion using straight line correspondence. Computer Vision, Graphics and Image Processing(CVGIP): Image Understanding(IU), 53: 37~52

Liu Y, Huang T S. 1988b. A linear algorithm for motion estimation using straight line correspondenes. Computer Vision, Graphics and Image Processing(CVGIP): Image Understanding(IU), 54: 35~57

Lugnani J B. 1982. The digitized features: A new source of control. International Archives of photogrammetry and Remote Sensing, 27(B10): 383~392

Luhmann T. 1991. 实时综合量测系统在工业摄影测量中的应用. 武测译文, 4: 19~23

Marr D. 1982. Vision: A Computational Investigation into the Human Representation and processing of Visual In for mation. W. H. Freeman and Company, San Francisco

Marr D, Hildreth E C. 1980. Theory of edge detection. Proceedings of the Royal Society of London. B207, 187~217

Marr D, Nishihara K. 1980. Representation and recognition of the spatial organization of three-dimensional shapes. In Proceeding of the Royal-London, B. Zoo, 269~294

Masry S E. 1981. Digital mapping using entities: A new concept. Photogrammetric Engineering & Remote Sensing, 48(11): 1561~1565

Mulawa D C, Mikhail E M. 1988. Photogrammetric treatment of linear features. ISPRS XV I, Community III, 27(B10): 383~393

Paderes F C, Mikhail E M, Förstner W. 1984. Rectification of single and multiple frames of satellite scanner imagery using points and edges as control. NASA Symposium in Mathematical Pattern Recognition and Image Analysis, Houston, TX, 309~400

Pavlidis T. 1977. Structural Pattern Recognition. New York: Springerverlag

Pavlidis T. 1986. A critical survey of image analysis method. 8th InternationalConference on Pattern Recognition, Paris, October, 502~511

Pinkney H F L. 1978. Theory and development of an on-Line 30 HZ video photogrmmetry system for real-time 3D control. International Archives of Photogrammetry, 27(V2)

Ponce J, Hoogs H, Kriegman D J. 1992. On using CAD models to compute the pose of curved 3D object. Computer Vision, Graphics and Image Processing(CVGIP): Image Understanding(IU), 55(2): 184~197

Schenk T. 1999. Digital photogrammetry. Terra Science

Seales W B, Charles R D. 1992. Viewpoint from occluding contour. Computer Vision, Graphics and Image Processing(CVGIP): Image Understanding(IU), 55(2): 198~211

Shapiro L G A. 1980. Structural model of shape. IEEE Transactions on Pattern Analysis and Machine Intelligence(PAMI)-13, 273~284

Snyder M A. 1991. A commentary on the paper by Jain and Binford. Computer Vision, Graphics and Image Processing(CVGIP): Image Understanding(IU), 53(1): 118~119

Spetsakis M E, Aloimonos J Y. 1990. Structure from motion using line crrespondences. International Journal of Computer Vision, 4: 171~183

Strunz G. 1992. Features based image orientation and object reconstruction. International Society for Photogrammetry and Remote Sensing(ISPRS), XXIX(B3): 113～118

Tsai R Y, Huang T S. 1984. Uniqueness and estimation of three-dimensional motion parameters of rigid objects with curved surfaces. IEEE Transactions on Pattern Analysis and Machine Intelligence(PAMI)-6, 1: 13～26

Woo T C. 1982. Feature extraction by volume decomposition. In Proceeding Conference CAD/CAM Technology Mechine Engineering, MIT Cambridge, Mar. 76～94

Zielinski H. 1992. Line photogrammetry with multiple images. International Society for Photogrammetry and Remote Sensing(ISPRS), Washingon D. C. XXIX(B3)

第2章　线摄影测量中的 CAD 模型

2.1　概　　述

在实时近景摄影测量或线摄影测量中,三维(3D)物体模型的表示为工业零件设计、制造和检测三大环节所共享。尤其是,在利用线摄影测量进行量测和机器人视觉进行检测时,人们对 3D 模型的表示提出了更高的要求。正如 Bhanu 和 Ho(1987)所说:"3D 模型的表示是设计、制造、检测和机器人视觉一体化的核心部分。因此,3D 物体模型的表示与分析是这几项研究领域共同关心的问题。一个用于设计、制造、识别、量测、管理的 3D 物体模型表示,并对不同的表示方法能有效地转化,已成为计算机视觉(CV)、计算机辅助设计(CAD)、计算机图形学研究的新课题。"

一般来说,在 CAD 系统中,3D 模型表示的主要目的是设计新的形状,以便以有效的方式自动制造出该物体。CAD 系统主要强调人机交互设计、操作设置、图形显示、透视(示意)图,以及有限元分析。它需要创立、调节、分析和优化设计。与 CAD 系统相反,机器人视觉系统主要用来分析已存在的物体,以便量测、识别与分类管理。应用于视觉处理的 3D 视觉模型主要是利用 3D 模型的知识,高效率地、自动地利用这些模型知识来识别、分析工业物体。

早期,CAD 系统与视觉系统对模型要求不同,使得大多数支持 CAD 的系统都不能提供视觉能力;同样支持视觉计算和分析的系统不能提供 CAD 模型,也就是说,视觉系统与 CAD 系统中使用了不同的模型方案,然而把 CAD 与视觉联系起来的能力仍非常差,这意味着它们之间没有明显的关系。数据库中物体的描述并不适合于机器视觉,物体识别所需要的是一个物体模型数据库,它用来设计、识别和目标管理。在 CAD 和机器人视觉中不同的表示方法能有效地转换,目前只有一些简单的可利用的模型才能完成这些任务(Flynn and Jain,1991b)。然而,我们已经注意到:CAD 不仅提供了一个适用于设计物体所需要的环境,而且 CAD 数据库还是计算机视觉所需几何模型的天然来源。

在 20 世纪 90 年代末,基于 CAD 模型的机器人视觉是伴随着如何利用 CAD 模型来完成不同的视觉任务衍生出来的。有人提出了用基于 CAD 的表示方法来导引机器视觉识别的思想,如 Hansen 和 Henderson(1989)。这种思想包含两个主要步骤:首先,使用 CAD 系统设计物体的几何形状或几何参数,或从已有的数据库中提取 CAD 模型或参数;其次,从 CAD 模型中确定明确表示用于视觉系统所需要的特征(或参数)或多种联合特征(或多种联合参数)。这种思想对于利用机器人视觉来进行 3D 物体识别和处理非常有用。有的研究工作者利用 CAD 模型来综合分析和处理物体影像(Bhanu,1987);有的研究者利用 CAD 模型作为知识,用作识别物体时的特征来源(Flynn and Jain,1991a);有的研究者则用 CAD 表示物体的几何性质作为基本描述,用不同类型的推理方法来实现对 CAD 模型特征的提取(Floriani,1989)。

为了适应机器视觉处理，许多研究者探索了用于视觉处理的 CAD 模型构造问题。例如，Goad（1986）建议采用几何方法来构成模型，并研究了用于单个物体的基于边缘匹配的识别码；Ikeuchi 和 Kanade（1988）提出从 CAD 模型中自动产生物体识别的方法，他建议："物体的类别从几何物体模型中直接判定。"Hansen 和 Henderson（1989）建议："根据用 CAD 设计的物体模型，自动选择对物体识别有用的特征，用这些特征构造目标树来识别及计算未知物体的方位和大小。"Burns 和 Kitchen（1988）建议："对储存在物体数据库的物体采用多级表示，不同的物体模型用一组 2D 形态图（aspects）表示，不同物体的相似形状图组元（components of aspects）组成树结构。"这种多级表示考虑到物体识别时减少搜索最顶级的次数的因素。Bolles 和 Horaud（1986）等研究了通过场景中从一个特征到另一个特征的增长（growing）匹配方法来识别物体，他使用增加特征来删除场景中物体定位的自由度。Shneier（1990）对每个模型研究了使用边界表示法（boundary representation）和体积表示法（volumetric representation）的基于 CAD 的视觉系统。Flynn 和 Jain（1991a）在它的系统中，利用 CAD 系统对每个物体用几何体素来描述，物体的几何性质用两种方法来描述：一种是 IGES（the initial graphics exchange specification），另一种是用于 CAD 设计的标准 CAD 格式。其他的模型描述是对物体表面用多边形近似，用几何推理方法构成关系图（视觉模型）。Flynn 系统强调物体几何表示以加速匹配。Kak 等（1988）在 Rochester 大学研制的 PADL-2 系统中，使用了 B-rep 来表示三维模型所产生的视觉模型似乎与 Flynn 系统中的 Vision 模型相似。在 Kak 模型中，边缘没有起到大的作用，因为他把弧作为相邻块与块之间的关系，因此边缘与边缘的关系没有明显地表示出来，而 Flynn 的视觉模型根据三维 CAD 系统的"IGES"结果直接构造出来。

　　在机器人视觉系统中，3D 物体模型表示的一个共同方法是使用图结构作为视觉模型。例如，Engelbrecht 和 Wahl（1988）用属性图（attributed graphs）表示多面体，节点表示顶点，弧表示边缘（edge），这个方法采用表示场景的属性图与模型图同构方法来识别物体；Fan 等（1988）使用相同的方法来识别曲面物体；Defigueriedo（1987）研究了用节点表示多面体的面，弧表示面与面之间邻接关系的属性关系。多级广义图结构能用来表示物体的多级特征，Walker 和 Herman（1988）使用多级结构图来表示多级特征；Lu 和 Wong（1988）用属性超图来表示物体，节点表示基本面，边表示面之间的边界，面的超边组和边界构成视素（volumetric primitives）。关系图不仅仅表示物体的几何性，它还是进一步处理的基础。

　　基于以上分析，作者认为，早期计算机视觉或机器人视觉的研究和分析重点放在诸如灰度和信号处理来完成边缘检测的低级处理上，随着工业机器人视觉发展的需要，利用 CAD 物体模型的知识和先验信息驱动了基于知识的计算机视觉发展，奠定了基于先验信息的计算机视觉的研究基础，点燃了基于模型的计算机视觉的火焰。

2.2　CAD 中三维模型回顾

　　在 CAD 系统中，三维物体的表示（几何造型）可分为线框造型（wireframe modeling）、曲面造型（surface modeling）和实体造型（solid modeling）。早期人们以点和线描述物体轮廓（称线框造型），这种方法几何描述能力差，信息表达不完整，不能表示圆锥和球形物体等。为了克服线框造型的缺点，人们引入了体和面的信息，形成了新的造型方法——实体造型。后来人们又发现有些几何体是自由曲面构成的，只用实体造型方法描述已不能满足要求，因而又产生了曲面造型方法（任仲贵，1991）。因此，人们为了克服二者之间的缺点，充分利用它们的优点，将实体造型与曲面造型直接统一起来，也就是说，将曲面造型与实体造型统一处理并有机地融为一体。

2.2.1 线框造型

线框造型是由一系列空间直线、圆弧和点组合而成的一种用线框来表示的物体模型。它能用来描述产品轮廓外形，并在计算机内生成相应的三维映像，从而可以自动实现视图变换和空间尺寸协调，见图 2-1。这个表示方法具有数据量少、数据结构简单、算法处理方便、对硬件要求不高、易于掌握等优点。所以该方法在 CAD 技术早期发展过程中得到广泛应用，尤其广泛应用于工厂或车间布局、管路敷设、产品几何形状的粗略设计等方面。然而，这种方法有很大的局限性，如几何描述能力差，不能给出轮廓线内各个面的信息，不能利用算法消除隐藏线，不能产生物体剖面图，不能计算物体的重量、体积、惯性矩等质量特性，从而使这种方法在应用上受到很大的限制。

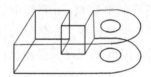

图 2-1　工业零件的线框造型（任仲贵，1991）

2.2.2 实体造型

实体造型是以立方体、圆柱体、球体、锥体、环状体等基本体素为单元体，通过集合运算，生成所需要的几何形体（任仲贵，1991）。这些被构造的三维形体具有完整的几何信息，是真实而唯一的三维模型。实体造型包括以下两个主要的步骤：①体素的定义和描述；②体素之间的拼合运算（并、交、差、补）。目前常用的实体造型方法有：

（1）布尔边界表示法（boundary representation，B-rep）；

（2）几何体素构造法（constructive solid geometry，CSG）；

（3）扫掠法（sweeping representation）；

（4）单元分解法（cell decomposition representation）；

（5）形素造型（feature modeling）。

在这些造型方法中，应用最广、也是最重要的是 CSG 法和 B-rep 表示法。在 CSG 中，一个复杂的实体是通过对一些预定的基本体素作有限次布尔操作得到的，这种构造方法有许多优点。例如，它简明扼要、结构紧凑，对实体从几何学上能作完整的描述，而且只要参与运算的基本体素本身是完整的，通过有限次布尔操作就能生成一个确定完整的三维模型。另外，CSG 树的过程可以看成是某种生产过程的等价表示。例如，钻孔看成是数学上减去一个圆柱，焊接则相当于数学上它们的并集操作。然而，这种方法也存在缺点，主要是它对各个基本体素之间的拓扑关系没有给予显式的描述。在边界表示法中，一个实体是通过对其边界面（几何）及这些边界面连接方式的详细说明（拓扑）来描述的。虽然边界表示法能够提供描述一个实体所需要的全部信息，但它本身不保证实体的合法性。因此，一些实用的系统采用二者相结合的方法（张申生，1990a，b）。二者相结合的方法的思想是：用 CSG 法作输入手段来建立模型的边界表示，以便保证物体模型的完备性，同时为实体模型提供了完整的拓扑描述。本书只叙述与线摄影测量有关的，同时也是制造领域中占主导地位的 CSG 法。

体素构造法是用基本体素，如立方体、圆柱体、球体等体素经变换操作（一元运算）和有限次布尔操作（Boolean operation）（二元运算）形成复杂的形体。形体的CSG 表示可以看成是一棵有序的二叉树，其中终节点或是体素，或是刚体运动的变换参数；非终节点或是正则的集合操作，或是刚体的几何变换（平移，旋转）。CSG 树的定义如下：

（1）树中的终节点（叶结点）对应于一个体素，并记录体素的参数。

（2）树中的根结点及中间结点，对应于一个集合和平移、旋转变换。一般的集合运算有：并、交、差、贴合、装配，它们属于二元运算；平移和旋转为一元运算。

（3）树的根结点作为查询和操作单元。

从图 2-2 可以看出：①CSG 树是基本体素经过几何变换和集合运算生成的，它可以唯一定义一个物体，并且可以对这个物体进行几何变换；②CSG 树仅仅是定义物体是如何构造的，它不能反映物体的面、边、顶点等有关的信息，也不像边界表示法那样显示模型，因此人们又称为隐式模型或过程模型（Shapiro and Vossler，1993）。

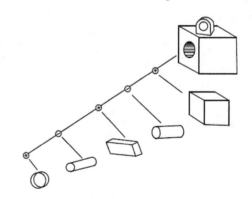

图 2-2　CSG 方法建立的模型（张申生，1990a，b）

另外，从图 2-2 同样可以看出，CSG 树包含两个过程：一是确定基本体素；二是确定体素之间的布尔操作。

（1）体素：体素是一个具有封闭表面的多面体，它是一个三维空间的几何形体。它的表面由顶点、边和面这三种要素组成。最常见的体素有立方体、圆柱体、圆锥体、球体、长方体等。每种体素都通过一系列参数来定义的，这些参数即包括描述体素的尺寸信息，又包括描述体素在空间的位置信息。体素的形状都比较简单规则，所以都是由计算机自动生成其几何数据及拓扑数据，表 2-1 是常见的几种体素及其定义。例如，定义一个圆锥需要的参数有：圆锥的底面中心坐标、圆柱轴的方向、圆柱的半径和高。前两个参数为三个分量的向量，分别表示一个点和一个方向，它们用于定义圆柱的位置；后两个参数都是数量，以确定圆锥的尺寸。

（2）拼合过程：拼合过程是指对基本体素，利用布尔操作中的并（union）、交（insection）、差（difference），以及一元运算中的旋转（rotation）、平移（transfer）和比例（scale）变换对基本体素进行操作，从而达到一个 3D 模型的完整造型。

表 2-1　常见的几种体素及其定义

体素名	位置信息	尺寸信息	图形
立方体	原点坐标(X_0, Y_0, Z_0)	长 宽 高	
圆柱	原点坐标(X_0, Y_0, Z_0)	半径 r 高 L	
圆球	原点坐标(X_0, Y_0, Z_0)	半径 r	
圆台	原点坐标(X_0, Y_0, Z_0)	上底半径 r_1 下底半径 r_2 高 L	
圆环	原点坐标(X_0, Y_0, Z_0)	大圆半径 r 小圆半径 r_2	

2.2.3　曲面造型

在工业零部件设计和制造过程中，当产品（如飞机、汽车、轮船等外形面）的外形由复杂曲面构成时，为了获得相应的数据，通常用数学方法定义、描述这些曲面，这种方法被称曲面造型。这种方法的优点是：它为 3D 形体提供了更多的几何信息，可以实现自动消隐产生明暗图，也可以计算表面积、生成数控（NC）加工轨迹。国内外常用的曲面造型方法有如下三种。

1. 笛卡儿乘积法（曲面法）

这种方法就是用笛卡儿乘积把两个单变量算子 φ 和 ψ 组合在一起，构成一个双变量算子（$\varphi \cdot \psi$），用它给出的空间点阵插值出双曲面。其模型可以表示为

$$r(u,\omega) = (\varphi \cdot \psi) \cdot P(u_i, \omega_j) \tag{2-1}$$

也就是说，这类曲面是用网格交点信息来定义的。由于所采用的单变量算子的类型不同，用这种方法可构造出多种笛卡儿曲面，如它既构造出双三次曲面，也可以构造出包括贝齐尔曲面和 B 样条曲面；所用的网格交点信息既可以是角点信息，也可以是顶点信息。

2. 母线法

就是用单变量算子给出的一组曲线插值出曲面来，其模型可以表示为

$$r(u,\omega) = \varphi \cdot P(u, \omega_j) \tag{2-2}$$

也可表示为

$$r(u,\omega) = \varphi \cdot P(u_i, \omega) \tag{2-3}$$

基于式（2-2）和式（2-3），我们可以看出，母线曲面表示方法是用 u 向或 ω 向的单变量数据（即一组网格曲线）来定义的。

3. 布尔和法

若用"$\oplus$"来标记布尔和，则这类曲面可以表示为

$$r(u,\omega) = (\varphi \oplus \psi) \cdot P(u, \omega) \tag{2-4}$$

从式（2-4）可以看出，该曲面表示方法是用 u 向或 ω 向的单变量数据（即两个方向的网格曲线和跨界斜率等边界信息）来定义的。

本节只叙述与线摄影测量有关的，同时在曲面造型中应用最多、最广泛的自由曲面片法。

所谓自由曲面是指不能像球面、圆柱面那样可以用简单的数学方程式来表示的曲面。该造型方法一个曲面的原理是，把一个曲面分成若干个曲面片（surface patches），首先定义该曲面片，然后将这些曲面片连接成一张曲面。曲面片的造型方法有 Bezier 曲面片、B 样条曲面片、孔斯（Coons）曲面片。这里以 Coons 曲面片为例说明曲面片造型思想。1964 年 Coons 提出了适合计算机辅助设计的构作曲面片的思想，他在论文中提出了曲面分片、拼合造型的设想。这是一个通过联接若干个曲面片去组成任意复杂曲面的方法，每个曲面片由四条边界确定。其原理如下。

设给定曲面片的四个角点矢量为

$$P(0,0),\ P(0,1),\ P(1,0),\ P(1,1)$$

四条边界线的首末点切矢量为

$$P_u'(0,0),\ P_u'(0,1),\ P_u'(1,0),\ P_u'(1,1)$$

和

$$P_\omega'(0,0),\ P_\omega'(0,1),\ P_\omega'(1,0),\ P_\omega'(1,1)$$

四个角点的混合偏导数（扭矢）为

$$P_{\omega u}''(0,0),\ P_{\omega u}''(0,1),\ P_{\omega u}''(1,0),\ P_{\omega u}''(1,1)$$

可以将单独一块曲面片（图 2-3）的方程写成如下形式：

$$P(u\omega)=\begin{bmatrix} F_0 u & F_1 u & G_0 u & G_1 u \end{bmatrix}\begin{bmatrix} 00 & 01 & 00_\omega & 01_\omega \\ 10 & 11 & 10_\omega & 11_\omega \\ 00_u & 01_u & 00_{u\omega} & 01_{u\omega} \\ 10_u & 11_u & 10_{u\omega} & 11_{u\omega} \end{bmatrix}\begin{bmatrix} F_0\omega \\ F_1\omega \\ G_0'\omega \\ G_1'\omega \end{bmatrix} \tag{2-5}$$

其中，$F_0 u = 2u^3-3u^2+1$；$F_1 u = -2u^3+3u^2$；$G_0 u = u^3-2u^2+u$；$G_1 u = u^3-u^2$；$F_i(j) = G_i'(j) = \begin{cases} 1 & i=j \\ 0 & i\neq j \end{cases}$；$F_i'(j) = G_i(j) = 0, i=0,1,\ j=0,1$；00，01，10，11 为曲面片角点位置矢量；$00_u$，$01_u$，$10_u$，$11_u$ 为角点的 u 向切矢；00_ω，01_ω，10_ω，11_ω 为角点的 ω 向切矢；$00_{u\omega}$，$01_{u\omega}$，$10_{u\omega}$，$11_{u\omega}$ 为角点的扭矢。

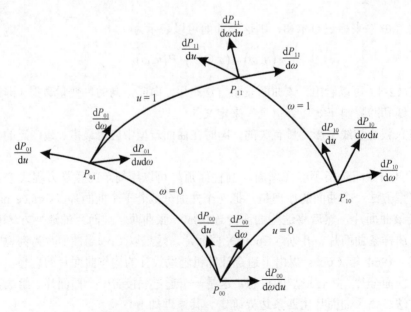

图 2-3　一张孔斯曲面片（Coons，1964）

为简便起见，将上面所表示的孔斯曲面片（即双三次曲面片）方程写为

$$u\omega = \begin{bmatrix} u^3 & u^2 & u & 1 \end{bmatrix} MBM^{\mathrm{T}} \begin{bmatrix} \omega^3 \\ \omega^2 \\ \omega \\ 1 \end{bmatrix} \qquad (0 \leqslant u, \omega \leqslant 1) \qquad (2\text{-}6)$$

式中，

$$M = \begin{bmatrix} 2 & -2 & 1 & 1 \\ -3 & 3 & -2 & -1 \\ 0 & 0 & 1 & 0 \\ 1 & 0 & 0 & 0 \end{bmatrix}$$

M^{T} 为 M 的转置矩阵。另有

$$B = \begin{bmatrix} 00 & 01 & 00_{\omega} & 01_{\omega} \\ 10 & 11 & 10_{\omega} & 11_{\omega} \\ 00_u & 01_u & 00_{u\omega} & 01_{u\omega} \\ 10_u & 11_u & 10_{u\omega} & 11_{u\omega} \end{bmatrix}$$

矩阵 B 中全部元素为常量，它们都是曲面角点上的信息，故其称为角点信息方阵。

如果假设

$$\begin{bmatrix} u^3 & u^2 & u & 1 \end{bmatrix} = U , \quad \begin{bmatrix} \omega^3 & \omega^2 & \omega & 1 \end{bmatrix} = W$$

式（2-6）则可以表示为

$$UW = UWBM^{\mathrm{T}}W^{\mathrm{T}} \qquad (2\text{-}7)$$

式中，B 为一个以矢量为元素的方阵，取出其中元素的 x 分量，放在相同的位置上，组成一个以分量为元素的四阶方阵，用 B_x 表示，对 B_y 与 B_z 也作同样理解。这样，式（2-7）就可以用分量表示为

$$\begin{cases} X(u,\omega) = UMB_x M^{\mathrm{T}}W^{\mathrm{T}} \\ Y(u,\omega) = UMB_y M^{\mathrm{T}}W^{\mathrm{T}} \\ Z(u,\omega) = UMB_z M^{\mathrm{T}}W^{\mathrm{T}} \end{cases} \qquad (2\text{-}8)$$

式（2-8）的矢量方程为

$$\begin{aligned} R(u,\omega) &= \begin{bmatrix} X(u\omega), & Y(u\omega), & Z(u\omega) \end{bmatrix} \\ &= \begin{bmatrix} UMB_x M^{\mathrm{T}}W^{\mathrm{T}}, & UMB_y M^{\mathrm{T}}W^{\mathrm{T}}, & UMB_z M^{\mathrm{T}}W^{\mathrm{T}} \end{bmatrix} \end{aligned}$$

整个物体的曲面是由若干双三次曲面片构成。从式（2-8）可以看出，当角点信息矩阵被确定后，曲面片即被定义。

2.3 线摄影测量中 CAD 的模型

以上章节回顾了与线摄影测量相关的 CAD 模型，实际上，线摄影测量是联合线特征

与摄影测量方法以达到与传统立体摄影测量相同的目的。也就是说，用线摄影测量量测与重建工业零件是把物体看成由若干个体素经布尔运算拼合而成（CSG），而构成体素的各个面用其边界来描述（B-rep）。它通过像片与物体的匹配直接求解描述体素的几何元素（位置信息、尺寸信息）。这些若干个体素的拓扑信息是利用属性关系图来表示的。对 CAD 表示的三维模型则直接构成模型属性关系图，然后用子图同构算法找到属性关系图与模型属性关系图的一致性匹配，识别影像中各个组成部分，从而恢复其拓扑信息。

在线摄影测量中，对于像飞机、汽车、轮船等外形为自由曲面的物体，由于它们不像规则体素如球、圆柱那样可以用简单的数学方程来定义，这时线摄影测量所用到的模型为曲面造型。曲面造型吸收了 Coons 曲面造型的思想，Coons 认为："用插值于边界曲线来构造曲面比利用插值于曲线上的离散点来构成曲面更为合理（通常称 'Coons 曲面第一思想'）。"Coons 还认为："为了使构成的 Coons 曲面片彼此能很容易地'无缝地拼合'，曲面应当是插值四条边界曲线，而且在插值于四条边界上任意给定的各个跨界导矢（即边界斜率）。"

基于以上的假设，线摄影测量中的线特征除了体素或体素经布尔操作（并、交、差、补）的相交线通过透视成像后在影像中形成的线特征外，也包括曲面造型中曲面片边界经透视成像后在影像产生的自由曲线特征。因此，概括起来线摄影测量中的线特征主要有：直线特征（straight line feature）、二次曲线特征（conic curve feature）、相交线特征（intersection curve feature）、自由曲线特征（free curve feature）。

这些特征，在数学上和计算几何中，有许多表示方法，但在线摄影测量中，我们采用参数表达形式，这主要是因为：

（1）易于显示和自动绘图，可以很方便地沿着参数逐次计算曲线或曲面上的点；

（2）体素进行平移、旋转时，通常可由平移或旋转确定曲线的矢量来实现；

（3）参数方程还特别适用于曲线的分段和曲面的分片（袁奇荪，1992）。

下面将一一对这些特征进行描述。

2.3.1　直线特征

直线特征是线特征中最主要、最常见的线特征。在线摄影测量里，直线特征是用参数表示的，其在三维空间表示的数学模型为（图 2-4）

$$P = C + d \cdot t \tag{2-9}$$

式中，P 为直线上任意一点；C 为直线上固定点；d 为方向矢量 $d = (\alpha, \beta, \gamma)$；$t$ 为参数。

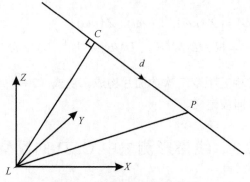

图 2-4　直线特征的参数表示

2.3.2 二次曲线特征

二次曲线在本书中是指由一类规则曲线，如圆、抛物线、双曲线等曲线，或规则曲面，如圆球、圆柱、椭球等曲面，通过透视成像在影像上产生的线特征。

（1）球的参数方程为［图2-5（a）］

$$\begin{cases} X = R\sin\phi\cos\theta \\ Y = R\sin\phi\cos\theta \\ Z = R\cos\phi \end{cases} \quad (2\text{-}10)$$

（2）圆柱的参数方程为［图2-5（b）］

$$\begin{cases} x = R\cos\theta \\ y = R\sin\theta \\ z = Z \end{cases} \quad (2\text{-}11)$$

（3）椭球的参数方程为［图2-5（c）］

$$\begin{cases} x = A\sin\phi\cos\theta \\ y = B\sin\phi\cos\theta \\ z = C\cos\theta \end{cases} \quad (2\text{-}12)$$

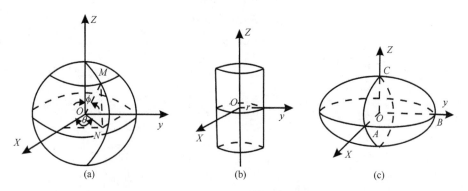

图 2-5 二次曲线特征的参数表示

2.3.3 相交线特征

另一类重要特征就是空间二次曲面（或平面）与二次曲面（或平面）相交时在影像上产生的相交线特征。一般来说自由曲面与自由曲面相交时线特征参数方程是无法求解的（金廷赞，1988；任仲贵，1991）。因此，本书只讨论常见的曲面（平面）与曲面相交，而且它们的轴之间是垂直或平行的。

（1）平面与圆柱相交［图2-6（a）］。

平面的方程表示为

$$AX + BY + CZ + D = 0 \quad (2\text{-}13)$$

圆柱的参数方程表示为

$$x = R\cos\theta$$
$$y = R\sin\theta$$
$$z = Z$$

(2-14)

则相交线特征的参数方程为

$$x = R\cos\theta$$
$$y = R\sin\theta$$
$$z = A'R\cos\theta + B'R\sin\theta + D'$$

(2-15)

式中，$A' = -A/C$；$B' = -B/C$；$D' = -D/C$。

类似的方法可求出圆柱与圆柱相交、圆球与圆球相交。

（2）圆柱与圆柱相交［图 2-6（b）］：

$$x = R\cos\theta$$
$$y = R\sin\theta$$
$$z = \pm\sqrt{r^2 - r^2\cos^2\theta}$$

其中，R 为大圆柱的半径；r 为小圆柱的半径；θ 为参数，且小圆柱 y 轴与大圆柱 x 轴重合。

（3）圆球与圆柱相交［图 2-6（c）］：

$$x = R\sin\theta'\cos\theta$$
$$y = R\sin\theta'\sin\theta$$
$$z = R\cos\theta'$$

其中，$\theta' = \arcsin\dfrac{H^2 + R^2 - r^2}{2HR}$；$\theta$ 为参数；R 为大圆柱的半径，且小圆球与大圆球 z 重合。

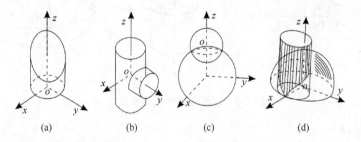

图 2-6　相交线特征的参数表示（金廷赞，1988；任仲贵，1991）

2.3.4　自由曲线特征

自由曲线特征是指曲面片（如 Coons 曲面片、B 样条曲面片、Bezier 曲面片、Hermite 样条曲面片）的边界经透视成像在影像上产生的特征。从计算几何（金廷赞，1988；苏步青，1990）可知这类曲面片边界的参数方程就是对应的曲线方程。因此这类曲线主要有：三次 Hermite 样条曲线、Bezier 曲线、B 样条曲线。

1. 三次 Hermite 样条曲线

Merrien（1992）给出了三次 Hermite 样条曲线的发展过程，三次 Hermite 样条曲线

的三次参数通用方程式是一个三次多项式。为讨论方便，取参数（本书中设参数为 t）的变化范围为 0～1，则其矢量形式为

$$p(t) = at^3 + bt^2 + ct + d \qquad 0 \leq t \leq 1 \tag{2-16}$$

它的三个分量是

$$\begin{cases} x(t) = a_x t^3 + b_x t^2 + c_x t + d_x \\ y(t) = a_y t^3 + b_y t^2 + c_y t + d_y \\ z(t) = a_z t^3 + b_z t^2 + c_z t + d_z \end{cases} \tag{2-17}$$

一段三次 Hermite 参数曲线由其两个端点和端点切矢定义 [图 2-7（a）]，设起点矢量为 P_0，终点矢量为 P_1，与之对应的切矢分别是 R_0 和 R_1，则矩阵表示式为

$$\begin{cases} x(t) = TM_h G_{hx} \\ y(t) = TM_h G_{hy} \\ z(t) = TM_h G_{hz} \end{cases} \tag{2-18}$$

以上三式的矢量形式为

$$P(t) = TM_h G_h$$

其中，

$$T^{\mathrm{T}} = \begin{bmatrix} t^3 \\ t^2 \\ t \\ 1 \end{bmatrix}$$

$$M_h = \begin{bmatrix} 2 & -2 & 1 & 1 \\ -3 & 3 & -2 & -1 \\ 0 & 0 & 1 & 0 \\ 1 & 0 & 0 & 0 \end{bmatrix}$$

$$G_{hx} = \begin{bmatrix} P_0 \\ P_1 \\ R_0 \\ R_1 \end{bmatrix}_x$$

$$G_{hy} = \begin{bmatrix} P_0 \\ P_1 \\ R_0 \\ R_1 \end{bmatrix}_y$$

$$G_{hz} = \begin{bmatrix} P_0 \\ P_1 \\ R_0 \\ R_1 \end{bmatrix}_z$$

M_h 为 Hermite 矩阵；G_{hx}，G_{hy}，G_{hz} 称作 Hermite 几何矢量的 x，y，z 分量。

2. Bezier 曲线

Bezier 曲线是 Bezier（1986）大约于 1962 年提出来的，其数学模型为，设有 $u+1$ 个空间向量 b_j，Bezier 参数曲线 $P(t)$ 的表达式为

$$P(t) = \sum_{i=0}^{x} b_i B_{i,n}(t) \qquad 0 \leqslant t \leqslant 1 \tag{2-19}$$

式中，基函数 $B_{i,n}(t)$ 是

$$B_{i,n}(t) = C_n^i t^i (1-t)^{n-i}$$
$$C_n^i = \frac{n!}{i!(n-i)!} \qquad (i=0,1,\cdots,n)$$

当 $n=3$ 时，三次 Bezier 曲线的参数方程为

$$\begin{aligned} P(t) &= b_0 B_{0,3}(t) + b_1 B_{1,3}(t) + b_2 B_{2,3}(t) + b_3 B_{3,3}(t) \\ &= (1-t)^3 b_0 + 3t(1-t)^2 b_1 + 3t^2(1-t)b_2 + t^3 b_3 \end{aligned} \tag{2-20}$$

Bezier 曲线的特征主要取决于基函数。以三次（$n=3$）曲线段为例，四个控制点组成的控制多边形决定了该曲线的形状［图 2-7（b）］。四个控制顶点 b_0，b_1，b_2 和 b_3 分别与基函数 $B_{0,3}(t)$，$B_{1,3}(t)$，$B_{2,3}(t)$ 和 $B_{3,3}(t)$ 相对应。

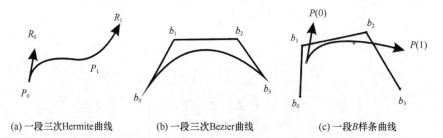

(a) 一段三次Hermite曲线　　(b) 一段三次Bezier曲线　　(c) 一段 B 样条曲线

图 2-7　Hermite，Bezier 和 B 样条曲线（金廷赞，1988；苏步青，1990）

三次 Bezier 曲线的矩阵表达式：

$$P(t) = \begin{bmatrix} t^3 & t^2 & t & 1 \end{bmatrix} \begin{bmatrix} -1 & 3 & -3 & 1 \\ 3 & -6 & 3 & 0 \\ -3 & 3 & 0 & 0 \\ 1 & 0 & 0 & 0 \end{bmatrix} \begin{bmatrix} b_0 \\ b_1 \\ b_2 \\ b_3 \end{bmatrix} \tag{2-21}$$

3. B 样条曲线

B 样条曲线是 Schoenberg（1973）首先提出来的。B 样条曲线是 Bezier 曲线的拓广，二者的数学表达式十分相似，其数学方程式为

$$P(t) = \sum_{i=0}^{n} b_i N_{i,M}(t) \qquad 0 \leqslant t \leqslant n-M+2 \tag{2-22}$$

式中，基函数 $N_{i,M}(t)$ 的递推表达式为

$$N_{i,1}(t) = \begin{cases} 1 & \text{当} x_i \leqslant t \leqslant x_{i+1} \\ 0 & \text{其他} \end{cases}$$

$$N_{i,M}(t) = \frac{(t-x_i)N_{i,M-1}(t)}{x_{i+M-1}-x_i} + \frac{(x_{i+M}-t)N_{i+1,M-1}(t)}{x_{i+M}-x_{i+1}} \tag{2-23}$$

式中，n 为有 $n+1$ 个控制顶点；M 为曲线的阶数；$(M-1)$ 为 N 样条曲线的次数，曲线在连接点处具有 $(M-2)$ 阶连续。

三次 B 样条的矩阵表达式：

$$P(t) = \frac{1}{6}\begin{bmatrix} t^3 & t^2 & t & 1 \end{bmatrix} \begin{bmatrix} -1 & 3 & -3 & 1 \\ 3 & -6 & 3 & 6 \\ -3 & 0 & 3 & 0 \\ 1 & 4 & 1 & 0 \end{bmatrix} \begin{bmatrix} b_0 \\ b_1 \\ b_2 \\ b_3 \end{bmatrix} \qquad 0 \leqslant t \leqslant 1$$

B 样条曲线与 Bezier 曲线的主要差别在于它们的基函数。B 样条的基函数是一个分段函数，其重要特征是在参数变化范围内，各函数只在部分区间内函数值不为 0；而 Bezier 曲线的基函数在整个参数变化区间内，只有一点或两点处函数值为 0[图 2-7(c)]。一般地，一段 B 样条曲线受到 M 个控制点的影响，这一性质说明了 B 样条曲线具有局部控制特性。

2.4 本 章 小 结

3D 物体模型的表示是工业零件设计、制造和检测三大环节中共享的模型。在目前的 CAD 系统中，3D 模型的表示主要是设计新的形状，强调人机交互设计、图形显示；而在计算机视觉系统中，3D 模型主要分析已存在的物体，以便自动地对物体进行识别与定位。所以 3D 模型的表示一直是设计、制造和检测，以及计算机视觉一体化发展的主要研究领域，为此作者在本章作了以下工作。

（1）简单地回顾了 CAD 系统中 3D 物体造型的线框造型、实体造型和曲面造型的理论和方法。重点介绍了与线摄影测量有关的，同时也是应用最广、最重要，以及在现代工业设计、制造领域中占主导地位的 CSG 和 B-rep 方法。

（2）提出了线摄影测量所采用的 CAD 系统中的模型是：①对于非自由曲面是基于 CAD 中 CSG 和 B-rep 相结合的表示方法，也就是说，用线摄影测量量测和重建工业零件是把工业零件看成是由若干个体素经布尔操作拼合而成（CSG），而体素的各个面用其四条边界表示（B-rep），即 CSG 和 B-rep 相结合的表示方法；②对于自由曲面，用线摄影测量量测与重建自由曲面是基于曲面造型思想，也就是说，它把曲面分成若干个曲面片，每个曲面片是由其边界条件决定的，因此量测曲面片就转化为量测边界线；③它们的拓扑信息的恢复是基于影像属性关系图与模型属性关系图的一致性匹配，借助于 CAD 的拓扑信息恢复影像的拓扑信息。

（3）提出了线摄影测量中线特征是以参数形式表示的，并把线特征概括地分为直线特征、二次曲线特征、相交线特征、自由曲线特征。对于以上四种线特征，详细地分析了在 CAD 系统中可能出现的各种情况及表达形式。

参 考 文 献

金廷赞. 1988.计算机图形学. 杭州: 浙江大学出版社

任仲贵. 1991. CAD / CAM 原理. 北京: 清华大学出版社

苏步青. 1990. 应用几何教程. 上海: 复旦大学出版社

袁奇荪. 1992. 计算几何造型学基础. 北京: 科学出版社

张申生. 1990a. 基于单元分解的实体构造几何技术. 计算机辅助设计与图形学学报, 2: 14~23

张申生. 1990b. CDCSG——一种构造实体模型的新方法. 计算机辅助设计与图形学学报, 2: 14~23

Bezier P. 1986. The Mathematical Basis of the UNISURF CAD System. Butterworths

Bhanu B, Ho C C. 1987. CAD-based 3D object representation for robot vision. Computer, 19~35

Bhanu B. 1987. CAD-based robot vision. Computer, 13~16

Bolles R C, Horaud P. 1986. "3DPO: A three-dimensional part orientation system". International Journal Robotics Research, 5(3): 3~20

Burns J B, Kitchen L J. 1988. Rapid object recognition from a large model base using prediction hierarchies. In Proceeding Image Understanding, 711~719

Coons S A. 1964. Surface for computer-aided design of space figures. Massachusetts Institute of Technology, MITMAC-M-255

Defigueriedo R. 1987. A frame work for automation of 3D machine vision. Technology and Investment(TI)Journal, 62~72

Engelbrecht J R, Wahl F M. 1988. Polyhedral object recognition using Hough-space features. Pattern Recognition, 21(6): 158~168

Fan T J, Medioni G, Nevatia R. 1988. Recognizing 3D objects using surface description. In Proceeding Second International Conference, Computer Vision, 474~481

Floriani L D. 1989. Feature Extraction from Boundary Models of Three Dimensional Objects. IEEE Transactions on Pattern Analysis and Machine Intelligence(PAMI)-11, 8: 85~798

Flynn P J, Jain A K. 1991a. CAD-based computer vision: from CAD models to relationalgraphs. IEEE Transactions on Pattern Analysis and Machine Intelligence(PAMI)-13, 2: 114~132

Flynn P J, Jain A K. 1991b. 3D object recognition on using constrainted search. IEEE Transactions on Pattern Analysis and Machine Intelligence(PAMI)-13, 10: 1066~1075

Goad C. 1986. Fast 3D model-based vision. In: Pentlard A P. Norwood Ablex, 371~391

Hansen C, Henderson C. 1989. CAGD-based computer vision. IEEE Transactions on Pattern Analysis and Machine Intelligence(PAMI)-11, 11: 1181~1193

Ikeuchi K, Kanade T. 1988. Automatic generation of object recognition prosrams. In Proceeding IEEE, 76(8): 1016~1035

Kak A, Vayda A J, Cromwell R L. 1988. Knowledge-based robotics. International Journal Production Research, 26(5): 707~734

Lu S, Wong A K C. 1988. Analysis of 3D scene with partially occluded objects for robot vision. In Proceeding 9th International Conference Pattern Recognition. Rome, Italy, 5: 303~308

Merrien J L. 1992. A family of Hermite interpolants by bisection algorithms. Numericl algorithms, 2(2): 187~200

Schoenberg I J. 1973. Cardinal spline interpolation. Society for Industrial and Applied Mathematics. Conference Series in Applied Mathematics, No.12. MR 0420078

Shapiro V, Vossler D L. 1993. Separation for boundary to CSG conversion. Association for Computing Machinery(ACM)Transaction on Graphics, 12(1): 35~55

Shneier M. 1990. Grey level corner detection: A generalization and a robust real time implementation. Computer Vision, Graphics, and Image Processing(GVGIP), 51(1): 54~69

Walker E L, Herman M. 1988. Geometric reasoning for constructing 3D scene descriptions from images. Artificial Intelligence, 37: 275~290

第3章 高精度工业物体边缘检测
及角点定位

本书讲述的线摄影测量三维重建模型（第4章）的前提是需要知道工业物体的边缘和角点位置，而且边缘和角点定位的精度，直接影响用线摄影测量数学模型对工业物体三维重建的精度。因此，利用计算机对工业物体进行高精度边缘检测及角点定位是一个非常重要的研究环节。

3.1 边缘检测概述

自动提取物体的边缘或角点特征是计算机视觉和数字摄影测量的重要研究领域。在数字影像中，最基本的特征是点特征和线特征。利用明显的点特征进行"基于点特征匹配"（point-based matching）在数字摄影测量中已经被采取。相应的提取点特征算法主要有 Förstner（1987）算子、Moravec（1979）算子等。但是，在工业零件的数字影像中，却存在着大量的、具有一定几何性质的线特征（如直线特征、曲线特征等）。这些线特征的基本单元是，数字影像中的边缘。所谓边缘是指其周围像素灰度存在不连续的变化（discontinuity in the intensity），如阶跃边缘（step edges）、屋顶边缘（roof edges）。因此它是影像边缘检测所依赖的最重要、最基本的特征，也是图像纹理的重要信息源和形状特征的基础（徐建华，1992）。与此同时，图像边缘也是数字摄影测量中"基于边缘特征匹配"（edge-based matching）的基础，因为它是位置的标志且对灰度的变化不敏感。

基于以上描述的边缘特性，人们利用这个特性，发展了许多边缘检测算法。最经典的、最简单的边缘检测方法是，对原始图像按像素的某邻域构造边缘检测算子，如梯度算子（gradient operator）、Sobel 算子（Sobel operator）、拉普拉斯算子（Laplacian operator）、Kirsch 算子（Kirsch operator）、Rosenfeld 算子（Rosenfeld operator）。然而，由于原始图像往往含有噪声，而边缘和噪声在空间域的表现特征是：它们在灰度上有比较大的起落；在频率域上的表现特征是：能同时反映为高频分量。这样的特性给在实际边缘检测过程中高精度边缘检测带来困难（许志祥和王积杰，1992）。

然而利用数字摄影测量进行工业自动检测，对影像边缘的定位精度要求越来越高，这就是说不仅需要检测工业物体的影像的边缘，还要精确定位它的边缘（edges location），通常要求达到子像素（subpixel）精度。Macvicar-Whelan 和 Bindford（1981）建议先在任意奇数大小的窗口对影像进行平滑，然后利用梯度算子，再通过线性内插算法，进行内插，进一步求得边缘位置的子像素精度。这种算子相对于其他算子来说，对噪声不敏感，然而，利用一些像素内插的方法，其精度受到限制；为此，Nevatia 和

Babu（1980）提出了利用边缘检测和线的细化方法来检测边缘，他们设计了六个边缘掩膜（masks），再把掩膜与像素卷积；只有那些最大响应（respone）所对应的掩膜位置、方向，为该像素的位置和方向；Hueckel（1971）提出了利用 Hilbert 空间的参数曲面来拟合灰度数据，然后在参数曲面上求边缘，这种方法定位精度可达到子像素精度；Tabatabai 和 Mitchell（1984）利用观测灰度头三阶矩与理想边缘头三阶矩不变的性质定位边缘，精度可达到子像素级。这种算子相对于 Hueckel 算子来说，对噪声的敏感程度要小得多；Haralick（1984a，b）提出了用离散正交多项式对原始图像每一像素的某个邻域作曲面最佳拟合，最终提取阶跃边缘点；也有人提出用最简单的基于邻域的边缘检测算子，对图像作初始边缘检测，然后利用边缘元（edgels）之间的空间分布关系来辅佐初始检测出来的边缘。例如，Schachter 等（1984）提出的用标记-松弛迭代法作为初始边缘的辅佐增强方法；Tanimoto 和 Pavlidis（1975）提出用图像锥体数据结构，对每一层表示的图像用简单的算子作边缘检测，再由顶至底作边缘搜索的方法。还有其他方法，如用简单的算子对原始图像作边缘检测，然后利用每一条边缘基元空间分布信息，用种种包括人工智能、知识表达、自学习、推理等手段作进一步调整的方法，这些方法逐渐受到国内外学者的重视。近年来许多学者还不断提出新的理论和方法，学术思想非常活跃，其原因一方面是由于该研究领域本身的重要性；另一方面也反映了这个领域研究的深度和难度。至今为止已发表的有关边缘检测、影像分割的理论和方向尚存在许多不足，并且各具特色。

本章首先简单回顾几种常见的经典算子，然后针对工业物体由有限规则体素构成，影像边缘存在着具有一定几何性质（直线、椭圆、圆）等特点，提出一种能高精度检测具有几何性质如直线、圆、椭圆等一类规则曲线边缘的算法；再在边缘检测的基础上，通过对影像实现分割，并借助于提取的边缘直线，实现对工业物体角点定位。

3.2 几种经典边缘检测算子及分析

有关边缘检测和边界提取，至今还有许多学者从不同的侧面来研究和分析，要想涉及每一个算子几乎是不可能的，本书回顾了一些经典的、具有代表性的算子，以达到抛砖引玉的作用。

3.2.1 梯度算子和 Laplacian 算子

最早的梯度算子是 Roberts（1965）提出来的，在数字影像上，定义某点(i,j)的灰度梯度为

$$G = \left|\langle F, W_1 \rangle\right|^2 + \left|\langle F, W_2 \rangle\right|^2 \tag{3-1}$$

式中，

$$F = \begin{vmatrix} f(i,j) & f(i,j+1) \\ f(i+1,j) & f(i+1,j+1) \end{vmatrix}$$

$$W_1 = \begin{vmatrix} 1 & 0 \\ 0 & -1 \end{vmatrix}$$

$$W_2 = \begin{vmatrix} 0 & -1 \\ 1 & 0 \end{vmatrix}$$

$\langle A, B \rangle \triangleq \sum_{i=1}^{2} \sum_{j=1}^{2} a_{ij} b_{ji}$ 表示内积。

为了减少在实际计算中的梯度计算，还建议用近似值表示，即

$$G = |< F, W_1 >| + |< F, W_2 >| \tag{3-2}$$

或

$$G = \max \left(|< F, W_1 >|, |< F, W_2 >| \right)$$

Sobel 和 Feldman（1968）、Prewitt（1970）针对 Roberts 差分算子窗口小，平滑作用小，提出用 3×3 灰度矩阵代替 2×2 灰度矩阵（intensity matrix）。他们修改的理由是："局部平均可以减少噪声的影响。"实际上，这些算子性能对于阶跃边缘确实比 Roberts 算子好，因此他们分别采用以下四种模板窗口来进行边缘检测。

$$W_1 = \begin{vmatrix} 1 & 2 & 1 \\ 0 & 0 & 0 \\ -1 & -2 & -1 \end{vmatrix} \quad W_2 = \begin{vmatrix} 1 & 0 & -1 \\ 2 & 0 & -2 \\ 1 & 0 & -1 \end{vmatrix}$$

$$W_1 = \begin{vmatrix} 1 & 1 & 1 \\ 0 & 0 & 0 \\ -1 & -1 & -1 \end{vmatrix} \quad W_2 = \begin{vmatrix} 1 & 0 & -1 \\ 1 & 0 & -1 \\ 1 & 0 & -1 \end{vmatrix}$$

Laplace 利用在数学上的梯度计算方法 $\dfrac{\partial^2}{\partial i^2} + \dfrac{\partial^2}{\partial j^2}$，提出了二阶差分算子——Laplace 算子：

$$\nabla^2 = \sum_{u,v \in s} [f(u,v) - f(i,j)] \tag{3-3}$$

式中，S 为上下左右四个邻点的集合（图 3-1）。Laplacian 算子是一个与方向无关的边缘检测算子，它具有各向同性、旋转不变的优点，其缺点是若方向信息丢失，则噪声影响双倍加强。

从上面的梯度算子可知，如果不采用内插方法，则不可能达到子像素精度，且该算法对噪声很敏感，尤其是它无法克服那些不连续、不规则的边缘。Machuca 和 Gilbert（1981）对梯度算子研究时发现，"如果影像边缘存在噪声时，梯度算子不能用"；因此，他建议利用矩（moments）方法来减少噪声对边缘检测的整体影响。

3.2.2 高斯-拉普拉斯零交叉（Gauss-Laplace zero-crossing）

Marr 和 Hildreth（1980）首先提出了对原始图像作最佳平滑，再用 Laplacian 提取边

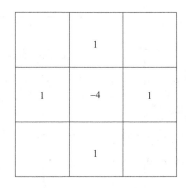

图 3-1 求梯度差分算法

缘的方法，被称为"零交叉边缘检测算法"，又称为"高斯-拉普拉斯"（Laplacian of Gaussian），缩写为 LOG 滤波器。这种算法的基本思想是，对于阶跃边缘，变化最剧烈的地方，其一阶导数为极值点，二阶导数为零（Marr and Hildreth，1980）。

高斯-拉普拉斯（LOG）的数学函数形式表示为

$$\nabla^2 G(x,y;\delta) = \frac{\partial^2 G}{\partial x^2} + \frac{\partial^2 G}{\partial y^2} = \frac{1}{2\pi\delta^2}(\frac{x^2+y^2}{\delta^2} - 2)e^{-\frac{1}{2\sigma^2}(x^2+y^2)} \qquad (3\text{-}4)$$

式中，δ 为多尺度因子；x,y 为像点坐标。

对于 Marr 和 Hildreth 的定位性能和滤波器选择仍有许多学者在研究。例如，Dickey 和 Shanmugarn（1977）认为，"对于给定的带宽和分辨率，边缘定位的最佳滤波器应该定义为该定位像素邻域能量输出为最大"；Lunscher 和 Beddoes（1986a，b）研究了这两种滤波器后，将它们统一起来，提出了准最佳滤波器（near-optimal filter）。

被誉为性能最佳的高斯-拉普拉斯边界检测器的定位性能到底如何呢？Marr 和 Hildreth 指出，"当图像边缘是直线时，拉普拉斯的定位是准确的，且和沿梯度方向的二阶方向导数的定位是一致的"（Marr and Hildreth，1980）。许多学者在实验中同样发现了这一问题，如 Canny（1986）、Lunscher 和 Beddoes（1986a，b）、Torre 和 Poggio（1986）、Haralick（1984a，b）、Nalwa 和 Binford（1986）、Berzins（1984），而且他们都意识到了高斯-拉普拉斯在检测弯曲边界时存在着不能忽略的误差。例如，Berzins（1984）对阶跃边缘交角为直角和任意角（$0<\theta<\frac{\pi}{2}$）时，用 LOG 滤波器对其边缘做了实验，其计算结果见图 3-2。这个例子说明 LOG 滤波器提取边缘在几何位置上存在着不精确性，δ 为多尺度因子，又称空间系数。δ 的选取也直接影响边缘位置的精度，它本身的选取又可影响边缘提取的几何位置的准确性。因此，多尺度滤波和零交叉准确性构成了这方面研究的重要理论支柱（李介谷，1991）。

3.2.3 小面积灰度曲面拟合法

小面积灰度模型（facet model for image data）是 Haralick 和 Watson（1981）首先提出来的。它是指在影像中，任取一小块如 5×5 或 7×7 影像窗口，用一个连续函数（数学模型）来描述这一小面积曲面为

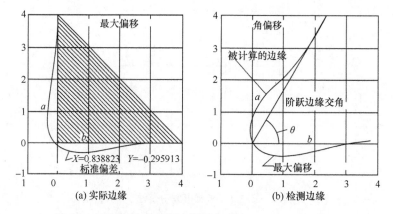

图 3-2 零交叉检测直线边缘不准确性（Berzins，1984）

$$g(x,y) = I(x,y) + n(x,y) \qquad (3\text{-}5)$$

式中，$g(x,y)$ 为观察到的影像；$I(x,y)$ 为理想情况下的影像；$n(x,y)$ 为灰度噪声。对于灰度模型可以用简单的一次或二次曲面函数来描述，也可以用多项式来描述。例如，Prewitt 用线性多项式来描述灰度曲面模型，然后通过对灰度曲面模型分析，来进行检测边缘。其原理是（Prewitt，1970）：

设灰度曲面模型是 $P(i,j) = ai + bj + c$，影像的灰度函数是 $f(x,y)$，利用最小二乘方法，求 $\{\hat{a},\hat{b},\hat{c}\}$，有

$$\hat{a} = \frac{f(i+1,j) + f(i+1,j+1)}{2} - \frac{f(i,j) + f(i,j+1)}{2} \qquad (3\text{-}6)$$

$$\hat{b} = \frac{f(i,j+1) + f(i+1,j+1)}{2} - \frac{f(i,j) + f(i+1,j)}{2} \qquad (3\text{-}7)$$

$$\hat{c} = \frac{1}{4}\left\{ 3f(i,j) + f(i+1,j) + \left[f(i,j+1) - f(i+1,j+1) - i\hat{a} - j\hat{b} \right] \right\} \qquad (3\text{-}8)$$

另外，Hueckel 在 1971 年提出了阶跃边缘检测的方法（Hueckel，1971），其一维、二维阶跃边缘的模型为：

（1）一维时，窗口定义为（$-L$，L）内，阶跃边缘模型为（图 3-3）

$$s(x) = \begin{cases} b & x < x_0 \\ b+h & x \geqslant x_0 \end{cases} \qquad (3\text{-}9)$$

式中，b 为边缘下灰度；h 为灰度差；x_0 为边缘位置。当均方差：

$$E(\hat{x}_0, h) = \int_{x_0 - l}^{x_0 + l} \left[f(x) - s(x) \right]^2 \mathrm{d}x = \min \qquad (3\text{-}10)$$

便说明 x_0 处存在一条边缘。

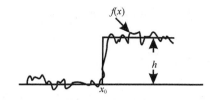

图 3-3　一维理想阶跃边缘与含噪声的阶跃边缘（Hueckel，1971）

（2）二维时，窗口定义在半径为 r 的圆内，其理想阶跃边缘函数为（图 3-4）

$$s(x)=\begin{cases} b & x\cos\theta+y\sin\theta<\rho \\ b+h & x\cos\theta+y\sin\theta\geqslant\rho \end{cases} \qquad (3\text{-}11)$$

式中，ρ,θ 分别从圆心和从水平轴算起，边缘拟合误差为（当均方差为）

$$\varepsilon=E(\hat{b},h,\hat{p},\hat{\theta})=\iint[f(x,y)-s(x,y)]^2\mathrm{d}x\mathrm{d}y=\min \qquad (3\text{-}12)$$

便说明存在边缘，$\hat{p},\hat{\theta}$ 决定边缘位置。

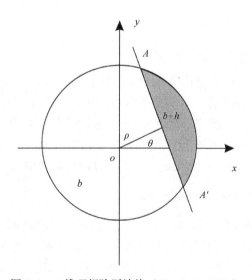

图 3-4　二维理想阶跃边缘（Hueckel，1971）

从以上模型中可以看出，Haralick 吸收了前面一些方法的优点，提出了用离散正交多项式对原始图像像素的某邻域作曲面最佳拟合，求得估计系数，然后在拟合曲面上求二阶方向导数的零交叉，最终提取阶跃边缘点（Haralick，1984a，b），其数学模型原理如下。

设 $\{f(i,j)\}$ 是图像观测值，对于像素（i，j）的某邻域 $R\times R$，它对应的离散正交多项式基为 $\{H_n(r,c)$，$n=0$，1，2，$\cdots$，$N\!-\!1\}$，它是坐标（r，c）的函数，在 $R\times R$ 取离散正交多项式：

$$g(i+r,j+c)=\sum_{n=0}^{K}a_nH_n(r,c) \qquad K\leqslant N-1 \qquad (r,c)\in R\times R \qquad (3\text{-}13)$$

作为对$\{f(i+r, j+c)\}$的最佳拟合曲面。也就是说在$R \times R$邻域，$R \times R$的对称中心与(i, j)重合，即当$r, c=0$时，$f(i+r, j+c)=f(i, j)$，求系数$\{a_n; n=0, 1, \cdots, K\}$的估值$\{\hat{a}_n; n=0, 1, \cdots, K\}$，使得

$$E(\hat{a}_0, \hat{a}_1, \cdots, \hat{a}_K) = \sum_{(r,c) \in R \times R} [f(i+r, j+c) - g(i+r, j+c)]^2 = \min \qquad (3\text{-}14)$$

容易得到：

$$\hat{a}_n = \sum_{(r,c) \in R \times R} H_n(r,c) f(i+r, j+c) \Bigg/ \sum_{(s,t) \in R \times R} H_n^2(s,t) \qquad (3\text{-}15)$$

$$n = 0, 1, \cdots, K$$

在$R \times R$内得到$\{f(i+r, j+c)\}$的最佳拟合曲面是

$$\hat{g}(i+r, j+c) \underset{\Delta}{=} \sum_{n=0}^{K} \hat{a}_n H_n(r,c) \qquad (3\text{-}16)$$

$$K \leqslant N-1, \qquad (r,c) \in R \times R$$

最终在$\{\hat{g}(i, j)\}$上作图像边缘检测。

这种小面积灰度模型拟合是由于人们认为数字图像的数据带有离散性，因而在每个像素点上，只要其离散性超过一定阈值都有可能出现二阶求导过零点，所以利用高斯-拉普拉斯求零交叉就出现多解（不唯一地确定边缘），为了更准确地定位边缘，应该把数字图像转化为局部区域连续的模型来计算零交叉，Haralick的实验结果表明，Harlick的正交多项式比 Prewitt、Marr-Laplacian 要好（Haralick，1984a，b）。

3.2.4 矩不变方法（moment-preserving）

矩不变是由 Tabatabai 和 Mitchell 在 1984 年提出来的（Tabatabai and Mitchell，1984），它被认为是当时提取像素级精度边缘的有效方法。其基本原理是："一个物体的灰度矩在影像退化前后其值保持不变。"这种思想和原理既可以用来对边缘进行定位，又可以用来对角点进行定位，尤其是该方法对阶跃边缘很有效，基本数学模型如下（Tabatabai and Mitchell，1984）。

一维情况。对于图 3-5 的阶跃边缘，可由三个参数来定义它：① g_1 为边缘下面灰度值；② g_2 为边缘上面的灰度值；③ x 为边缘位置。矩不变原理是利用有 n 个点的一组观测值，记为：l_i（$i=1, \cdots, n$），来拟合理想边缘 $f(s)$；而不是直接求解 x。当进行边缘定位时，设为 $K+\dfrac{1}{2}$，这里 K 为采样值未知数，同时，设头三阶矩与理想边缘头三阶矩相等，即

$$\bar{m}_j = \frac{K}{n} g_1^j + \frac{n-K}{n} g_2^j \qquad j=1,2,3 \qquad (3\text{-}17)$$

这里，式（3-18）是第 j 阶采样矩：

$$\bar{m}_j = \frac{1}{n}\sum_{i=1}^{n} l_i^{\,j} \tag{3-18}$$

式（3-17）～式（3-19）可以求解 g_1，g_2，K 为

$$K = \frac{n}{2}\left(1 - \frac{c}{\sqrt{4+c^2}}\right) \tag{3-19}$$

式中，$c = \frac{1}{\delta^3}\left(3\bar{m}_1\bar{m}_2 - 2\bar{m}_3^{\,3} - \bar{m}_3\right)$，$\delta^2 = \bar{m}_2 - \bar{m}_1^{\,2}$。

式（3-19）表明，K 不为整数，因此该方法在定位边缘时，可达到子像素级精度。

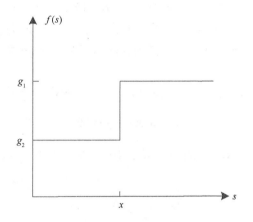

图 3-5　一维理想阶跃边缘

从以上的讨论可以看出，这种边缘定位方法是假定数据为单调递增数值；如果存在噪声时，边缘检测的效果就不一样了。因此，作者建议在采用这种方法以前，先进行噪声预处理，以消除噪声的影响。相对其他方法来说，这种方法的优点是不需迭代运算，计算很简单；尤其是，当边缘位于窗口中心时，该方法是一个无偏估计。因此，为了防止出现有偏估计，该方法要求计算的初始值提供得比较精确。

3.2.5　Hough 变换

以上各种边缘检测算子，基本上都是检测到图像的局部边缘，即线段特征或由点特征组成的线段特征。从视觉心理上来说，这些点特征或线段特征对于图像的解译和理解方面，没有像直线边缘那样直接，这主要是因为这些不相连的点特征构成的图像意义难以理解，为此，通常人们提出的局部边缘聚集更适合于解释过程的结构形式，这个过程就是边界检测（boundary detection）。一般来说，物体的边界总是出现在图像中灰度突变的地方，这与人的视觉系统相符合。人的视觉系统的研究实验表明，图像的边界对人的视觉识别十分有用，人们常能通过一组粗糙的轮廓来识别物体，并对边界进行描述和表示。这种描述和表示很容易引入到各种物体的计算机识别算法中去。

研究者对从图像中提取边界进行了大量的研究发现，由于各种不同的边界形状

极其复杂，很难得到一种能提取各种不同边界的通用算法。比较有典型代表的算法有以下两种。

（1）未知边界表示的图像边界提取：该方法先提取图像的局部边缘元（edgels），然后再组合这些边缘元成精制的边界。这个提取边界的思想是基于这样一个原则：当被提取的物体及某一种表示方法之间存在较大的不同时，可引进一种中间表示方法，这样就可以把与模型高度相关的边界分解成为一连串与模型完全无关的边缘元（Gennert，1986）。

（2）已知边界表示的图像边界提取：如果欲检测的物体边界的形状种类事先已经知道，且其形状能够用方程式来表示的话，就不必要利用中间表示方法，即边缘元方法。Hough 变换是一种典型的在预先知道欲检测物体的边界条件（即直线形状）时提取边界的有用算法。该方法在 1962 年由 Hough 首先提出，即检测图像中直线的 Hough 变换（Hough，1962），该方法很快地被 Duda 和 Hart（1972）、Sklansky（1978）等应用到解析曲线的检测。1979 年 Ballard 应用"方向信息"的理论提出了广义 Hough 变换（generalizing the Hough transform）。广义 Hough 变换将 Hough 变换推广到提取任意非解析形状的曲线。

在直角坐标系 oxy 中，对于任一直线 L，Hough 变换的数学模型表示为

$$\rho = x\cos\theta + y\sin\theta \qquad (3\text{-}20a)$$

式（3-20a）表示 oxy 平面与参数空间 $\rho\text{-}\theta$ 的映射关系。如果这条直线通过 (x_0, y_0)，则

$$\rho = x_0 \cos\theta + y_0 \sin\theta \qquad (3\text{-}20b)$$

式（3-20b）可以看作描述通过点 (x_0, y_0) 的 ρ 和 θ 的方程式，也就是说，式（3-20b）描绘了在 $\rho\text{-}\theta$ 空间里，表示 ρ 和 θ 关系的轨迹，即在 $\rho\text{-}\theta$ 空间上的一点，对应于 $x\text{-}y$ 空间上的一条直线。相反，用式（3-20b）表示 $\rho\text{-}\theta$ 空间的轨迹，相当于表示了在 $x\text{-}y$ 空间上通过 (x_0, y_0) 点所有的直线群（图 3-6）。

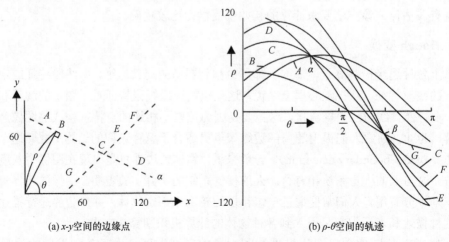

(a) $x\text{-}y$ 空间的边缘点　　　　　　(b) $\rho\text{-}\theta$ 空间的轨迹

图 3-6　Hough 变换（Hough，1962）

类似于从图像中提取直线，从图像中提取圆、椭圆、抛物线等一类解析曲线的边界，都可以用类似于 Hough 变换方法来完成。

以上是针对从图像中提取可以用数学模型来表示的解析曲线的物体边界方法，对于从图像中提取出非解析曲线的物体边界方法，Ballard（1979）年提出了其思想：

设 B 是表示一个任意形状区域的边界，Y 是区域内参考（如形心点或重心点坐标），X 是边界 B 上任意一点，O 是原点，如果 y 与 x 的差向量 r 为

$$r = y - x \qquad\qquad (3\text{-}21)$$

那么在边界 B 上，X 点的切线方向与 r 的夹角可以定义为 $\varphi(x)$（图 3-7），把 $\varphi(x)$ 角的可能取值范围分成离散的 $m+1$ 种可能状态，即

$$\{i\Delta\varphi,\ i = 0,1,\cdots,m\}$$

进一步写为

$$\Phi_K = K\Delta\varphi \qquad\qquad (3\text{-}22)$$

式中，$\Delta\varphi$ 为角度增量，定义 Φ_K 的方向参数定义为

$$R_{\Phi_K} = \left\{ r \,\middle|\, y - r = x, x \in B, \Phi(x) = K\Delta\varphi \right\} \qquad\qquad (3\text{-}23)$$

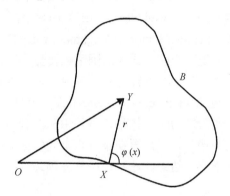

图 3-7　广义 Hough 变换（Ballard，1979）

如果一个区域边界上大部分的点 x 都具有方向参数 R_{Φ_K}，即在 x 的切线方向与 r 的夹角为 $K\Delta\varphi$，那么就把 R_{Φ_K} 作为这条边界曲线的形状特征。

从以上的分析可以知道，解析边界提取的 Hough 变换和非解析边界提取的广义 Hough 变换算法是一种从区域边界（空间域）投射到参数空间域的一种变换，用大多数点满足的对应参数变换算法来描述这个欲提取的边界。这个算法对于那些易受噪声干扰或一个目标被另一个目标遮盖或其他种种原因而引起的局部间断的边界是一种行之有效的边界提取方法。但是它也存在着一些问题，如（Xu，1990）：

（1）由于量化 ρ、θ 的误差，使得 Hough 变换在实际边界检测时存在误差。

（2）量化值 ρ、θ 的大小、边缘检测效果和计算时间开销三者之间的关系是：如果

ρ、θ 参数量化过细，边缘检测效果好，计算时间开销大；反过来，若参数 ρ、θ 量化过粗，边缘检测效果差，计算时间少。另外，不同的影像不能用同一量化值，要根据实际影像的分辨率、影像质量等而定。

（3）由于噪声的影响，计数累加器（投票箱）中的峰值未必就是真正参数的峰值，因此在实际过程中，可能出现假峰现象。

（4）由于噪声的影响，阈值选择比较困难，不同的阈值导致错判或漏判直线。

（5）对于像元，椭圆参数比较多的情况下，如圆的解析参数有 3 个，椭圆的解析参数有 5 个，计算机的计算速度可能比较慢。

3.3 高精度边缘检测的准则及存在的问题

3.3.1 深层理解边缘及边缘检测的内涵

尽管从数字影像中提取边缘或边界已经发展了几十年，但由于不同成像目标、成像目的、传感器和成像环境造成了边缘检测这个看似简单，但实际上有点复杂且没有完全解决的问题。为了解决这个问题，从数字影像中有关"边缘"的定义开始，以便能更彻底了解边缘检测的内涵。

Haralick 在 1984 年提出（Haralick，1984a）："在直觉上，数字边缘常出现在两个像素的边界上，且两个像素的亮值（brightness values）明显不同，所谓明显不同主要依赖于像素周围的亮度值分布（the distribution of brightness value）"。人们通常认为，影像上存在某个比较亮的区域，或说这个区域比其周围区域要亮，那就是说，相邻的像素对之间存在边缘，其中一些像素是落在相对较亮的区域内，另一些像素则落在相对较暗的区域。这个边缘被称为阶跃边缘（step edges）（Haralick，1982）[图 3-8（a）]。在实际生活中边缘并不是只存在一种阶跃边缘。例如，假如用从左到右的方式去观测某个区域，该区域的亮度值开始均匀地增长，然后再在某一点上均匀地减少，这意味着在影像里，亮值从增加到减少的某点上存在边缘，这种边缘称屋顶边缘（roof edges）[图 3-8（b）]（Haralick，1982）。

总结以上两个定义，作者认为：边缘是指在数字影像中，亮度值出现跳跃（jump）或亮度值微分达到极值的地方。这就是为什么 Roberts（1965）首先用亮度值跳跃的特性来做边缘检测，Ehrich 和 Schroeder（1981）首先用一维形式对一阶微分相对极值作边缘检测，以及 Marr 和 Hildreth（1980）用各向同性二维最佳方式对边缘进行检测的理由。

如果用 LOG 算子对阶跃上升边缘检测时，可以发现，阶跃上升边缘在 $f''(x)$ 附近有一个狭窄的过零区域 [图 3-9（a）]，因而用 LOG 算子对这类边缘检测能得到良好的结果。对于屋顶状边缘，则出现明显的二次零交叉 [图 3-9（b）]，也就是说可能出现两个边缘。

除了以上两个明显的边缘，即阶跃边缘、屋顶边缘外，日常生活中还经常出现渐变式的边缘。也就是说，边缘的灰度值从一个区域渐渐地过渡到另一个区域，边缘的灰度

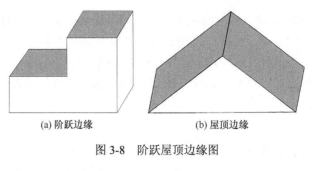

(a) 阶跃边缘　　　　　　　　　(b) 屋顶边缘

图 3-8　阶跃屋顶边缘图

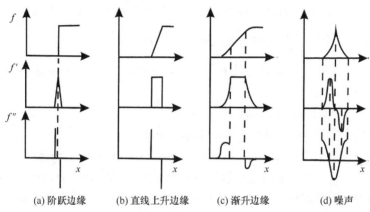

(a) 阶跃边缘　　(b) 直线上升边缘　　(c) 渐升边缘　　(d) 噪声

图 3-9　阶跃边缘和屋顶边缘的二阶导数（Haralick，1982）

值变化有的是以线性上升［图 3-10（a）］，有的是非线性上升［图 3-10（b）］。这意味着，边缘的灰度有一定的宽度，而不是突变，这就给边缘检测带来了许多困难。如果用 LOG 算子对这两种边缘检测时，可以发现，对于线性上升边缘，零交叉范围具有一定宽度的带状区域［图 3-9（b）］，也就是说，出现二次零交叉。一次是 $f''(x)$ 以负的斜率进入零区，另一次是 $f''(x)$ 以正的斜率脱离零区。对于非线性上升边缘与线性上升边缘情况类似。其零区为一带状区域，并且在图上 $f''(x)$ 的后一个波形的末尾再一次出现虚假零交叉［图 3-9（c）］。这就是说，利用 LOG 算子进行边缘检测时，可能出现多解情况。

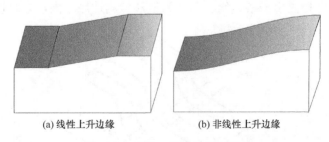

(a) 线性上升边缘　　　　　　　　(b) 非线性上升边缘

图 3-10　线性、非线性上升边缘

　　边缘检测是利用某算子（operator）去检测（detect）影像上相邻像素之间亮值不连续变化的像素。亮值不连续变换起因于不同的物理现象，如表面反射不同、表面纹理不同、光照不同、表面方向不同及深度不同。著名的边缘检测算子有 Roberts（1965）、Prewitt

（1970）、Hueckel（1971）、Marr 和 Hildreth（1980）、Rosenfeld 和 Thurston（1971）、Haralick（1984a）、Haralick 和 Watson（1981）、Tabatabai 和 Mitchell（1984）、Canny（1986）、Torre 和 Poggio（1986）、Lunscher 和 Beddoes（1986a，1986b）、Lyvers 等（1989）。

总结以上的讨论，从避免 LOG 算子检测边缘的多解性这个角度出发，影像的边缘应该完整地定义为：

（1）$f''(x)=0$；

（2）$f''(x)$ 以负的斜率过零；

（3）$f''(x)$ 过零点的附近 $f'(x)\neq 0$ ［因为发生 $f'(x)\neq 0$ 的情况为噪声］。

3.3.2 边缘检测器设计准则（edge detector criteria）

综观国内外已提出的许多边缘检测算法，边缘检测器（edge detector）可大致分为下列三种主要类型。

（1）阈值算子（threshold-based operators）。

（2）边缘拟合算子（edge-fitting-based operators）。

（3）二阶微分零交叉算子（zero-cross of the second derivative operators）。

无论哪种算子，一个理想的边缘检测器应该是从不同背景、不同噪声的影像中对原始边缘进行精确检测与定位（Venkatesh and Kitchen，1992）。那么什么是一个理想的边缘检测器呢？不同的研究者对这个问题也许有不同的研究和理解，根据国际许多科学家的共同理解，一种理想的边缘检测器应该是：“能检测所有真实边缘像素而不遗留间隙（gaps），而且它不应该检测没有边缘的边缘，同时所检测的边缘只有一个像素宽（one-pixel-wide）的细化边缘（thin edge），并能对原始边缘进行定位”（Venkatesh and Kitchen，1992）。下面分析第一类型的边缘检测器。

阈值边缘检测算子是指像 Laplace 算子等一类通过选择不同的阈值来检测影像边缘的算子。由于客观现实的复杂性，影像中的边缘不可能都是阶跃边缘，即使是阶跃边缘，由于随机噪声的影响，也不可能是理想的阶跃边缘，而是包含有噪声的“被污染”的边缘。例如，图 3-11 所示的一种非线性（渐升）边缘，如果用 LOG 算子检测其边缘，根据以上分析，则会出现二次零交叉（二条边缘）的现象。如果以负斜率进入零区来定义边缘的话，则只能检测出一条边缘。但是阈值法检测边缘不同，它是以灰度统计为基

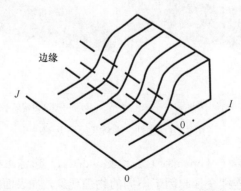

图 3-11 不同的阈值可能得到不同的边缘（Venkatesh and Kitchen，1992）

础。如果影像质量好，反差大，则以黑白两峰值之间的鞍部作为阈值。事实上，由于影像受噪声的干扰，这给选择正确的阈值带来困难。因此人们通常只能粗略地选择阈值。从图 3-11 中可以看出，如果选择不同的阈值的话，必然引起检测边缘的位置变化，下面以实例进行说明。

图 3-12 是利用 Marr-Hildreth 零交叉算子，选择不同阈值时的检测边缘结果。

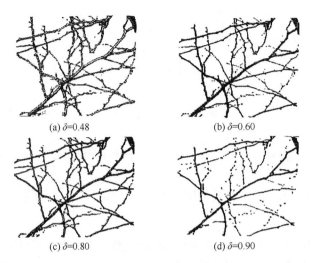

(a) δ=0.48   (b) δ=0.60

(c) δ=0.80   (d) δ=0.90

图 3-12   Marr-Hildreth 零交叉算子

从上面的阈值法边缘检测算子的试验中，可以得出以下规律。

（1）当选择不同的阈值时，边缘检测效果和边缘定位的位置是不同的。

（2）在大多数阈值边缘检测算子中，由于被检测的边缘宽度不是一个像素宽，经细化处理后获得的一个像素宽的边缘时，则边缘的位置出现明显的越位，即定位不准确。其中 Prewitt 算子定位能力最差，Kirsch 算子定位能力相对比较好，Roberts 和 Sobel 梯度算子相差无几（周国清，1996）。

（3）将阈值边缘检测算子与零交叉边缘检测算子检测出来的边缘进行比较时，作者发现，零交叉检测算子不仅检测出来的边缘宽度是一个像素，而且其边缘定位精度比较好。作者认为，之所以出现零交叉边缘检测算子比阈值边缘检测算子的边缘定位精度高的情况，是因为零交叉检测算子给边缘下了准确的定义，而阈值边缘检测算子中，边缘检测的位置完成取决于阈值的设定。

（4）通过实验，作者深深体会到了 Canny 在 1986 年提出的边缘检测算法，即著名的 Canny 算子（周国清，1996）。Canny 提出了边缘检测的三个判据（Canny，1986）：①良好的检测效果，在真实边缘处遗漏检测边缘概率很低；在没有边缘处，检测出边缘的概率也很低；②良好的定位能力，通过算子检测的边缘应尽可能地靠近真实边缘中心；③对于一条边缘仅能获得一个响应（response）。对于一条边缘，用检测器只能检测出一条边缘，且边缘宽度为一个像素。

综合以上的讨论，本书根据上述三条设计原则，即 Canny 在 1986 年提出的边缘检测的三个判据，来发展我们自己的工业零件影像的边缘检测器。

3.3.3 零交叉边缘检测算法存在的问题

零交叉边缘检测二阶方向导数，在数学上可以这样定义（Marr and Hildreth，1980；Canny，1986；Lunscher and Beddoes，1986a，b；Torr and Poggio，1986），对于一幅数字图像，如果其灰度曲面用一个连续函数 $z = f(x,y)$ 表示，则它在 α 方向的一阶方向导数定义为

$$f'_\alpha(x,y) \overset{\Delta}{=} \lim \frac{f(x+h\sin\alpha, y+h\cos\alpha) - f(x,y)}{h}$$
$$= \frac{\partial f}{\partial x}\sin\alpha + \frac{\partial f}{\partial y}\cos\alpha \tag{3-24}$$

其在 α 方向的二阶方向导数定义为

$$f''_\alpha(x,y) = \frac{\partial^2 f}{\partial x^2}\sin^2\alpha + 2\frac{\partial f^2}{\partial x \partial y}\sin\alpha\cos\alpha + \frac{\partial^2 f}{\partial y^2}\cos^2\alpha \tag{3-25}$$

由于数字图像是由一组离散数据组成的，式（3-25）中的微分符号均可以用差分符号来代替，即

$$\Delta^2_\alpha f(i,j) = \Delta^2_i f(i,j)\sin^2\alpha + 2\Delta^2_{ij} f(i,j)\sin\alpha\cos\alpha + \Delta^2_j f(i,j)\cos^2\alpha \tag{3-26}$$

求解式（3-26）需要用求梯度差分的方法。目前，求梯度差分（图3-13）有两种基本方法形式（Weiss and Schonauer，1990）。

第一种形式：

$$GM_1 = \left| \mathrm{Grad} f(i,j) \right| = \sqrt{\Delta_i^2 + \Delta_j^2} \tag{3-27}$$

式中，$\Delta_i = f(i,j) - f(i+1,j)$；$\Delta_j = f(i,j) - f(i,j+1)$。

第二种形式：

$$GM_2 = \left| \mathrm{grad} f(i,j) = \sqrt{\Delta i^2 + \Delta j^2} \right| \tag{3-28}$$

式中，$\Delta_i = f(i,j) - f(i+1,j+1)$；$\Delta_j = f(i+1,j) - f(i,j+1)$。

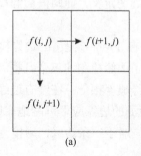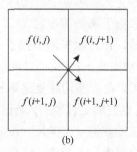

图 3-13　梯度差分的两种形式

梯度方向角 θ 表示为

$$\theta = \mathrm{arctg}\left(\frac{\partial f}{\partial y}\Big/\frac{\partial f}{\partial x}\right) = \mathrm{arctg}\left(\frac{\varDelta_j}{\varDelta_i}\right) \tag{3-29}$$

汪治宏（1992）以一理想阶跃直线边缘为例，用上述梯度方向来计算直线方向与实际直线方向之间的夹角的关系如下。

假设一个理想阶跃边缘，该边缘可以用直线来描述，该直线的方向角为 $\varphi(\mathrm{tg}\varphi = K)\,(0 < \varphi < 90°)$；假设该直线通过四个像素交点（图 3-14），四个像素为正方形，边长为单位边长，直线左上方单位面积灰度为 G_{UL}，直线右下方单位面积灰度为 G_{BR}，那么四个像素的灰度分别为

$$G_{11} = G_{UL}$$

$$G_{12} = \frac{1}{2K}G_{UL} + \left(1 - \frac{1}{2K}\right)G_{BR}$$

$$G_{21} = \left(1 - \frac{1}{2K}\right)G_{UL} + \frac{1}{2K}G_{BR}$$

$$G_{22} = G_{BR}$$

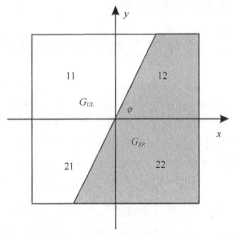

图 3-14　理想边缘经过四个像素

用第二种梯度方法计算该直线的梯度角为

$$\theta_1 = \mathrm{arctg}\frac{\varDelta_j}{\varDelta_i} = \mathrm{arctg}\frac{G_{11} - G_{12}}{G_{11} - G_{21}} = \mathrm{arctg}\frac{\left(1 - \dfrac{1}{2K}\right)(G_{UL} - G_{BR})}{\dfrac{1}{2K}(G_{UL} - G_{BR})} = \mathrm{arctg}(2K - 1) \tag{3-30}$$

$$\theta_2 = \mathrm{arctg}\frac{\varDelta_j}{\varDelta_i} = \mathrm{arctg}\frac{G_{11} - G_{22}}{G_{21} - G_{12}} = \mathrm{arctg}\frac{(G_{UL} - G_{BR})}{\left(1 - \dfrac{1}{K}\right)(G_{UL} - G_{BR})} = \mathrm{arctg}\left(\frac{K}{K - 1}\right) \tag{3-31}$$

由此计算出来的直线的斜率为

$$K_1' = \mathrm{tg}\left(\frac{\pi}{2} - \theta_1\right) = \mathrm{tg}\,\theta_1 = 2K - 1 \qquad (3\text{-}32)$$

$$K_2' = \mathrm{tg}\left(\frac{\pi}{4} - \theta_2\right) = \frac{1 - \mathrm{tg}\,\theta_2}{1 + \mathrm{tg}\,\theta_2} = \frac{1}{2K - 1} \qquad (3\text{-}33)$$

尽管式（3-32）、式（3-33）是假设边缘直线通过四个相邻像素的交点推导出来的，如果该边缘直线不通过交点，而是平行或倾斜一个角时，式（3-32）、式（3-33）是不一样的。但仍然可以从式（3-32）、式（3-33）得出以下结论：

（1）用梯度算子计算出来的直线倾角与真正的直线倾角不一致，只有当直线倾角为 $\pi/4$ 的倍数时，它们才一致。

（2）根据式（3-26）可知，用梯度方向的二阶方向导数来定位直线仍存在误差。也就是说，高斯-拉普拉斯零交叉定位直线具有不准确性。许志祥（1992）、郭雷（1990）分别从分析灰度的贝努里概率和灰度图像边界的平均曲率、侧向曲率的角度得出了类似的结论。

（3）上述讨论是在理想情况下得出来的，在采样与量化过程中，不可避免地存在各种噪声影响，使得梯度角 θ 存在随机误差。这说明高斯-拉斯拉斯零交叉定位直线还存在随机误差，因此其定位直线的精度是不高的。

3.4　高精度直线边缘检测方法

3.4.1　数学模型

依据 3.3 节的分析，这个章节发展一个高精度边缘检测的数学模型和方法，其思路是：在某一工业物体的影像中，假设一个大小为 17×17 像素的窗口，再假设该物体的边缘将一窗口分成左、右两个区域（窗口是移动窗口），记为 L 和 R；区域 L 和区域 R 内的单位面积灰度为 g_L 和 g_R ［图 3-15（a）］；又设该边缘拟合直线将某一像元分成两个区域 I 和 II，面积为 A_L、A_R，对应的单位面积灰度为 g_L 和 g_R ［图 3-15（b）］；则物体边缘上的每一个像元（称边界元）的灰度是两个区域的"混合"（mixture），其边界元的灰度可以表示为

$$g_i = A_L g_L + A_R g_R \qquad (3\text{-}34)$$

式中，

$$A_L + A_R = 1 \qquad (3\text{-}35)$$

根据式（3-34）、式（3-35）可知：一方面，如果已知边界元的灰度值为 g_i，则该直线可以通过式（3-34）拟合出来；反之，如果已知该直线方程，则边界元左右面积 A_L、A_R 也可以通过直线方程式计算出来。另一方面，如果已知 g_L、g_R 和该直线的方程，就可

以计算 g_i。现在的问题是，已知 g_L、g_R 和 g_i 的值，通过这三个已知值，精确地估计直线所在的位置。

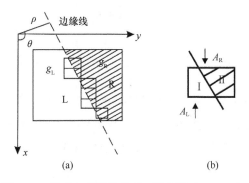

图 3-15　像素与直线的关系（据汪治宏，1992）

以上这种给定 g_L、g_R 的灰度值和边界元 g_i 的灰度值，来估计或计算表示该边缘直线的方程式，在数学上是一个估计问题。它可以通过最小二乘求解的方法求出最佳参数。设该直线的参数方程为

$$\rho = x\cos\theta + y\sin\theta \qquad (3\text{-}36)$$

式中，ρ 为坐标原点到直线的距离；θ 为 x 轴逆时针旋转到该直线的方向角，如图 3-15（b）所示。这样，左右面积 A_L 和 A_R 是直线参数 ρ，θ，以及像元位置（x_i，y_i）的函数，即

$$A_R = R\big(x_i, y_i; \rho, \theta\big) \qquad (3\text{-}37a)$$

$$A_L = L\big(x_i, y_i; \rho, \theta\big) \qquad (3\text{-}37b)$$

如果设边缘直线通过 N 个像元，即存在 N 个边缘元（edgels），每个边缘元量测灰度为 $G_i\big(x_i, y_i; \rho, \theta\big)$，则

$$\varepsilon = \sum_{i=1}^{N}\big(g_i - G_i\big(x_i, y_i; \rho, \theta\big)\big)^2 = \min \qquad (3\text{-}38)$$

式（3-38）就是以灰度为观测值，以灰度残差平方和最小为准则的最小二乘法来估计边缘直线方程式的数学模型。

作者注意到，式（3-38）的建立是在假设边缘直线不占有像素宽度、无噪声的理想阶跃边缘情况下推导出来的。在实际影像中，影像边缘不可避免地存在各种噪声影响，实际边缘是一种噪声"污染"了的模糊边缘。李介谷（1992）曾提出："边缘分为三种边缘：'理想阶跃边缘、直线上升边缘、渐升边缘'。在利用零交叉提取边缘时，后两种边缘出现两次零交叉（进入零区、脱离零区）。正确的边缘应该是 $f''(x_i, y_i)$ 以负的斜率进入零区（图 3-9）。"因此，为了防止式（3-38）模型在没有边缘的地方检测到边缘，以及防止选取不同的阈值使边缘检测效果及定位不同，必须在式（3-38）的基础上加入约束条件，即 $f''(x_i, y_i) \leqslant 0$，因此，式（3-38）模型扩展为

$$\varepsilon = \sum_{i=1}^{N} \upsilon_i^2 = \sum_{i=1}^{N} \left(g_i - G_i(x_i, y_i; \rho, \theta)\right)^2 = \min \quad (3\text{-}39a)$$

$$f''(x_i, y_i) \leqslant 0 \quad (3\text{-}39b)$$

式中，$f(x_i, y_i) = \left(\dfrac{1}{2\pi\delta^2}\right)\exp\left(-\dfrac{x_i^2 + y_i^2}{2\delta^2}c\right)$ 为二维高斯函数。

在计算 $G_i(x_i, y_i; \rho, \theta)$ 时，由于渐升边缘，尤其是边缘受噪声"污染"而产生模糊的情况下，使计算 g_L、g_R 带来很大困难，为此作者想到 Ballard 在 1979 年提出："一维理想边缘的成像为一刀刃曲线"，并可以表示为（Ballard，1979）

$$G(x) = \int_{-\infty}^{x} A(x)\,\mathrm{d}x \quad (3\text{-}40)$$

式中，$A(x)$ 为系统的线扩散函数（line spread function）。

对式（3-40）表示的一维理想边缘数学模型求影像的梯度，即为

$$\frac{\mathrm{d}}{\mathrm{d}x}G(x) = \frac{\mathrm{d}}{\mathrm{d}x}\int_{-\infty}^{x} A(x)\,\mathrm{d}x = A(x) \quad (3\text{-}41)$$

式（3-41）说明，一个理想的边缘经一个成像系统输出，其影像的梯度与系统的线扩散函数呈正比。而且 Ballard（1979）还认为，线扩散函数服从高斯正态分布，即

$$A(x) = \frac{1}{\sqrt{2\pi}\delta}\exp\left\{-\frac{x^2}{2\sigma^2}\right\} \quad (3\text{-}42)$$

这种事实说明，与像素同一位置的真实景物点周围对该点像素的光强贡献显正态分布（Ballard，1979）。越接近该点，贡献越大，因此需要在计算 g_L、g_R 时，引入权函数，其权函数定义为

$$p_i = \frac{1}{d_i} \quad (3\text{-}43)$$

式中，d_i 为边缘直线法方向某像元到直线的距离。

结合以上分析，并联合式（3-39）～式（3-43），检测直线边缘的数学模型为

$$\varepsilon = \sum_{i=1}^{N} \upsilon_i^2 = \sum_{i=1}^{N} \left(g_i - G_i(x_i, y_i; \rho, \theta)\right)^2 = \min \quad (3\text{-}44a)$$

$$f''(x_i, y_i) \leqslant 0 \quad (3\text{-}44b)$$

其中，

$$G_i = P_{Li}A_{Li}g_L + P_{Ri}A_{Ri}g_R \quad (3\text{-}45a)$$

$$P_{Li} = \frac{1}{d_{Li}} \quad (3\text{-}45b)$$

$$P_{Ri} = \frac{1}{d_{Ri}} \qquad (3\text{-}45c)$$

求解这个问题是一个非线性数学规划问题，因此要用非线性规划算法求解。

3.4.2　计算过程

在具体求解式（3-45）的过程中，需要输入初始值，再反复迭代求解。无疑，好的初始值能加快收敛速度，并收敛到正确结果。相反，粗略的初始值不仅收敛速度慢，而且可能导致错误的结果。为此，本书采用如下方法：

（1）利用金字塔数据结构，对原始影像数据构成金字塔数据结构形式，具体分级视影像大小而定，这里分为 0 级、一级、二级，权函数选为 $\frac{1}{4} \sum g_i (i = 1, 2, 3, 4)$；在二级影像上先作滤波预处理，再用阈值算子作边缘检测（阈值尽可能小），并对二级影像作区域分割。

（2）任选其中一块区域，提取该区域的边界，并粗略定位该区域边界上的角点，再用角点信息将区域边界分成几条线段，对每条线段求 ρ_0、θ_0 并记录角点信息。

（3）重复步骤（2），直至完成所有区域边界上线段的 ρ_0、θ_0 及角点坐标 (x_c, y_c)，并储存在数据文件中。

有了上面提供的二级影像上的初始值，就可以将这些初始值传送到原始影像（0 级）上，再根据上述数学模型式（3-44）和式（3-45）精确定位直线，其计算步骤是：

（1）根据提供的初始值 ρ_0、θ_0 计算边缘元灰度 $G_i(x_i, y_i; \rho_0, \theta_0)$。为此，首先要计算 A_L, A_R。A_L, A_R 的计算与直线经过像元的形式有关。一般来说，直线通过边缘元会出现 10 种情况（图 3-16）。因此，在计算时，先根据其中某种情况，计算 A_R, A_L。再计算权函数 $p_{ij} = \frac{1}{d_{ij}}$（$j$=1，2，3，–1，–2，–3），即沿着与直线垂直的方向，在直线左右两边分别取三点作灰度加权平均。

（2）在该点直线的条形窗口内，用高斯-拉普拉斯对该窗口作 $f''(x, y) \leqslant 0$ 约束。

（3）根据上述计算的非线性规划数学模型，调用非线性规划求解子程序。

本书对非线性规划求解采用罚函数求解方法，其求解过程如下所述。

步骤 1：取 $M = M_1 > 0$（如 $M_1 = 1$），允许误差 $\varepsilon_0 > 0$，令 $K := 1$。

步骤 2：求无约束极值问题 $\varepsilon = \sum_{i=1}^{N} V_i^2 = \min$ 得最优解 ρ，θ。

步骤 3：若约束条件 $f''(x, y) \geqslant 0$（变化罚函数形式），则迭代停止，得到规划问题的近似解 $\hat{\rho}_0$，$\hat{\theta}_0$；否则转到步骤 4。

步骤 4：令

$$M = M_{K+1} + 10 M_K$$

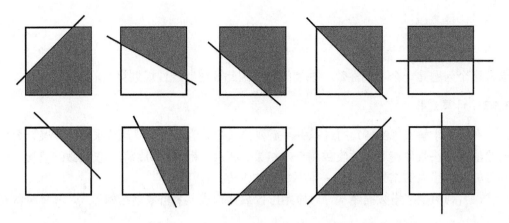

图 3-16 直线通过像元的各种形式

$$K := K + 1$$

转到步骤 2。

步骤 5：依据上述计算步骤，对每个窗口内的每个线段作类似处理，求取所有线段的精确 ρ_1，θ_1 值；从而对该线段精确定位。

步骤 6：在影像内，移动窗口，重复上述步骤，获得多个 $(\rho_i, \theta_i \ i = 1, 2, \cdots, N)$ 值。

步骤 7：针对获得的多个 $(\rho_i, \theta_i \ i = 1, 2, \cdots, N)$ 值，进行后处理，找出最佳 $\hat{\rho}$，$\hat{\theta}$ 作为该边缘直线的直线方程式。

以上是以直线为例说明该算法是如何检测直线边缘的，事实上可以把该算法推广到任意解析曲线，如椭圆的方程为

$$\frac{(x - x_0)^2}{a^2} + \frac{(y - y_0)^2}{b^2} = 1$$

当物体边缘是一椭圆物体时，就可以利用上面的椭圆方程式来拟合物体边缘。对于给定的一个窗口，椭圆边缘元以圆弧的形式把一个像元分成两个区域（I 和 II）。其可能出现十种情况（图 3-17）。对于在窗口内每个像元，在具体计算区域面积时，为了计算简单，可利用直线近似来代替圆弧计算 A_L 和 A_R，其平差模型为

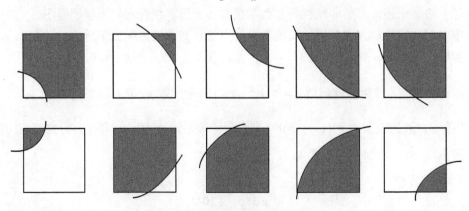

图 3-17 椭圆边缘与边缘元关系

$$\varepsilon = \sum_{i=1}^{N} V_i^2 = \sum_{i=1}^{N} \left(g_i - G_i(x_i, y_i; x_0, y_0, a, b) \right)^2 = \min \qquad (3\text{-}46)$$

式（3-46）就是椭圆边缘定位的数学模型。其中四个椭圆参数 x_0、y_0、a、b 可利用最小二乘法方法求解，再利用四个参数对边缘进行精确定位。

3.5 高精度边缘检测实验结果及分析

为了验证上述边缘检测数学模型的正确性，本书对图 3-18～图 3-23 中的六幅影像用 Hough 变换和新算法作对比实验，实验的目的是测试在检测解析边缘时，用 Hough 变换和新算法检测的解析曲线参数是否一致。Hough 变化的量化为：ρ=8 像素，16 像素，24 像素，32 像素，…；θ=15°，30°，45°，60°，…，360°。实验影像有模拟影像和实际影像，模型影像采样间距为 50μm、像素为正方形，大小为 200 像素×200 像素。实际影像采样间距 x 方向为 9μm，y 方向为 7μm，大小 512 像素×512 像素。实验的影像结果分别见第 1，2，3，4，5，6 幅影像，在每幅影像中，（a）为 Hough 变换检测的边缘（灰度值 0 为检测结果），（b）为用本书提出的新方法检测的边缘（灰度值 0 为其检测的边缘）。其计算出来的对应参数结果分别见表 3-1～表 3-7。

从实验结果来看，作者发现 Hough 变换存在以下问题。

（1）由于 ρ、θ 的量化误差，使 Hough 变换检测直线时定位能力相当差（图 3-20）。

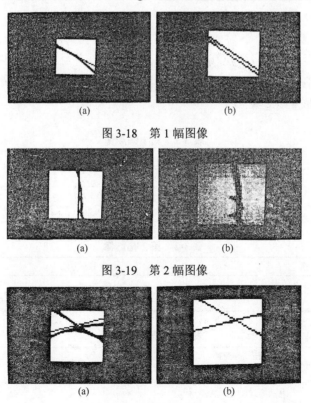

(a)   (b)

图 3-18 第 1 幅图像

(a)   (b)

图 3-19 第 2 幅图像

(a)   (b)

图 3-20 第 3 幅图像

图 3-21　第 4 幅图像

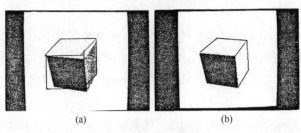

图 3-22　第 5 幅图像

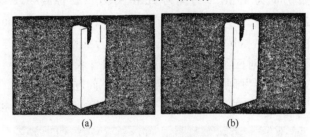

图 3-23　第 6 幅图像

另外，如果一幅影像存在多条直线，且它们之间平行，并且直线之间相当密，ρ、θ 的量化值必须非常小，方能检测出每条直线边缘。然而量化过小，必会增加计算时间，并且会检测出那些非直线边缘。

表 3-1　第 1 幅影像

直线	Hough 变换		本书新方法	
	ρ	θ	ρ	θ
1	8	135	3.22	143.73
2			5.65	143.73

表 3-2　第 2 幅影像

直线	Hough 变换		本书新方法	
	ρ	θ	ρ	θ
1	24	0	21.89	−5.73

表 3-3　第 3 幅影像

直线	Hough 变换		本书新方法	
	ρ	θ	ρ	θ
1	0	120	1.58	148.13
2	16	75	18.43	75.96

表 3-4　第 4 幅影像

直线	Hough 变换		本书新方法	
	ρ	θ	ρ	θ
1	64	0	50.00	0.00
2	24	90	20.00	90.00

表 3-5　第 5 幅影像

直线	Hough 变换		本书新方法	
	ρ	θ	ρ	θ
1	40	0	20.50	−12.93
2	112	0	104.46	−4.39
3	136	0	116.55	−2.86
4	88	45	117.57	48.69
5	136	45	145.36	52.77
6	184	45	181.79	59.93
7	56	90	54.41	87.27
8	88	90	82.56	84.37
9	152	90	136.12	79.94

表 3-6　第 6 幅影像（直线）

直线	Hough 变换		本书新方法	
	ρ	θ	ρ	θ
1	208	0	212.65	0.59
2	248	0	253.58	0.44
3	280	0	281.07	−0.75
4	304	0	305.63	0.87
5	344	0	349.49	1.64
6	376	0	377.99	1.21
7	152	−75	162.56	−72.41
8	136	−75	130.38	−73.18
9	120	−75	133.52	−69.1
10	112	−75	128.13	−71.15
11	272	150	291.28	151.29
12	112	75	103.66	78.60
			101.16	79.05
13	128	75	127.28	78.15
			126.32	78.11
14	512	75	514.82	78.29

表 3-7 第 6 幅影像（椭圆）

椭圆	Hough 变换								本书新方法							
	A	b	X_C	Y_C	起点		终点		a	b	X_C	Y_C	起点		终点	
					x	y	x	y					x	y	x	y
1	46	6	−202	286	111	305	150	285	46	4.5	−322	285	111	305	150	285
2	58	12	−98	312	114	346	120	284	58	13.4	−68	311	106	280	104	350

（2）由于噪声的干扰，计数累加器内经常出现假峰，这就给检测正确的边缘带来困难。例如，表 3-8 是利用 Hough 变换，对图 3-23 的影像进行直线边缘提取时计数累加器内的数据，按表中投票箱内的峰值数据来分析，该影像存在两条边缘直线，即 $\theta_1 = 1 \times 15°$，$\rho_1 = 8 \times 8 = 64$ 像素，和 $\theta_2 = 1 \times 15° = 15°$，$\rho_2 = 10 \times 8 = 80$ 像素。实际上，真正的两条边缘直线参数是：$\theta_1 = 0°$，$\rho_1 = 9 \times 8 = 72$ 像素；$\theta_2 = 5 \times 15° = 75°$，$\rho_2 = 3 \times 8 = 24$ 像素。

表 3-8 **Hough 变换边缘检测累计器假值、假峰**

角度/(°)	距离												
	0	1	2	3	4	5	6	7	8	9	10	11	12
1	91	19	14	8	12	22	97	265	**298**	**225**	**268**	250	117
2	135	96	47	47	65	129	164	153	79	104	72	10	0
3	199	166	144	123	137	159	193	82	90	83	15	0	0
4	83	200	196	186	200	201	81	77	78	26	26	0	0
5	87	92	170	**206**	170	81	70	71	31	0	0	0	0
6	81	78	85	103	79	67	71	26	0	0	0	0	0
7	0	25	20	3	13	17	0	0	0	0	0	0	0
8	0	0	0	0	0	0	0	0	0	0	0	0	0

（3）由于噪声的影响，选择阈值非常困难，致使造成错选或漏选直线。

（4）尽管 Hough 变换检测边缘直线时能给定被检测直线的参数信息，但对一幅影像内存在多条直线时，无法正确地判定哪条直线与哪条直线应该相交（图 3-21），必须借助人工干扰才能实现区域分割。

（5）对那些工业物体，如果它是一个立方体，但同时边缘挖了一个圆孔的边缘，用 Hough 变换检测边缘时，被分开的边缘只能得到一个峰值，这时无法在边缘处将其分成两条线段（如图 3-22 及表 3-6 中第 12、13 条直线）。

总之，通过本书提出的边缘检测新算子的实验结果，可以得出以下结论。

（1）能精确地检测边缘直线和解析曲线，定位精度达子像素级。

（2）对由于种种原因而使边界断裂、不连续的边缘也能检测。

（3）由于检测边缘是分区域处理，不受直线疏密、边缘中部挖孔等影响，同时能给出边缘直线的信息和区域信息。

（4）不存在量化误差、阈值、假峰的影响。

（5）因为采用了二维高斯滤波，因此具有一定的抗噪能力。

3.6 角点检测概述

在数字影像中，角点（corner）是指物体边界方向不连续变换的地方，这种点在计算机视觉中非常有用（Förstner and Gülch，1987）。例如，在运动图像分析中，人们利用角点计算光流、求解运动参数；在景物分析中，人们利用角点作景物理解、分析形状；在工业计算机影像处理方面，人们通过提取角点来判定多面体形状；在数字摄影测量中利用角点进行特征点匹配（Luhmann and Altrogye，1986），因此，角点检测又称兴趣点（interesting points）检测。这种兴趣点有两个主要特点：一是它处在边界上；二是边界的方向在这里发生变化。用来检测角兴趣点的算子称为兴趣点检测算子（interest operator）（Lindeberg，1998）。一个理想的角点检测器（又称兴趣点检测算子）必须具有以下特征（Lindeberg，1998）：

（1）正确地检测角点；

（2）角点必须定位；

（3）角点检测器对噪声不敏感；

（4）假角点不被正确地检测；

（5）角点检测器必须给定角点的角度及方向。

Gennert 在 1986 年指出（Gennert，1986）："已存在的边缘角点检测器都不能完全地、正确地检测出所有的角点，主要体现在：一是它们不能正确检测出所有的角点；二是定位不够精确。"其原因主要因为它们对一些角点检测器作一些假定，其中包括：

（1）用解析函数描述一幅影像；

（2）把灰度变化处看成是有限的理想阶跃边缘（step edges）；

（3）把在垂直边缘方向的灰度变化看成是线性过程。

这些假定严格地限制这些算子的应用范围和抗噪声能力。

目前国际上已存在着许多检测角点的算法，概括起来主要分两大类。

第一类算法是，首先采用某种算法把影像分割成区域，提取出某种包含边缘的边界，这样将栅格数据变成矢量数据，然后在这条边缘线的基础上采用不同的判据去定位角点。例如，Medioni 和 Yasumoto（1987）使用三次 B 样条去拟合数字曲线，然后计算边缘点距样条函数的距离及相应位置的曲率，认为具有较大位移和较大曲率的边缘点就是角点；Hideo（1989）通过计算数字曲线上每个点的局部对称性，把具有局部最大对称性的点作为角点；Freeman 和 Davis（1977）、Liu 和 Tsai（1990）利用链码曲线检测角点，这些方法在很大的程度上取决于影像分割的成败。

第二类算法是，直接在原始的灰度影像上提取角点。例如，Zuniga 和 Haralick（1983）、Haralick（1984a）通过小面积的灰度模型利用零交叉边缘检测器精确提取边缘，然后通过计算边缘点的梯度角的变化率，认为具有最大曲率的边缘点就是角点；Kitchen 和 Rosenfeld（1982）利用梯度角的变化率与梯度的模相乘来作为角点尺度，作为检测角点的检测器；Dreschler 和 Nagel（1982）也是通过拟合小面积灰度模型，计算其二阶偏导数，从而可以计算中心像元处的主曲率及高斯曲率，找出正的和负的高斯曲率极值，然后在这两点之间找出具有最大坡度的点，将此点作为角点；Liu和 Srinath（1990）提出了利用矩不变方法检测角点，它把角点和角点的两条边置于大的圆形窗口内，利用三个矩（M_x, M_y, M_{xy}）不变计算其坐标。这种方法的优点是：不仅能求出角点，而且还能求出组成角点的两条边缘线方向，在无噪声的理想影像上定位精度好，但是这种算法极容易受噪声的影响，噪声不仅影响角点定位精度，而且能改变解的收敛性，在本来不存在角点的地方发现角点。因此，使用矩法必须进行预处理，以减少噪声的影响；Mikhail 和 Lafayette（1984）在定位十字丝中心时就利用矩法作为初始值，这说明矩法在定位角点时精度不高。Zuniga 和 Haralick（1983）对自己的算子及 Kitchen 和 Rosenfeld（1982）算子进行研究发现，他们的角点检测算子正确率为 13.9%，而 Kitchen 和 Rosenfeld 的角点检测算子正确率为 7.1%（不设梯度阈值）。他们认为："造成如此低正确率的原因可能是（Zuniga and Haralick，1983）：①图像的角点对应于灰度变化激烈之处，用函数的有限项来计算 K 值必然带来误差；②利用角度尺度、曲率尺度作为标准都要用到图像的一、二阶导数，导数对噪声有放大作用，所以噪声对算子影响很大。"

在摄影测量领域内，人们对兴趣点的理解含义略有不同，这主要是由于摄影测量中，人们采用了许多人工标志，如十字丝中心、图形标志的圆心。虽然它们不属于典型的角点，但也是人们感兴趣的点，因此也称兴趣点（interesting points）。由于摄影测量中这些人工标志是用来作为控制用的，因此，定位精度要求非常高。例如，在数字摄影测量相对定向中，上下视差残差不能超过 8μm，如果采样间隔为 50μm 时，上下视差残差不能超过 0.16 像素。这样的定向精度要求人们在实际提取兴趣点时，兴趣点定位的精度要达到子像素级精度（sub-pixel）。

在摄影测量领域内常见的算子主要有：

（1）美国堪萨斯大学（University of Kansas）的 Wong 教授在 1986 年针对近景摄影测量中采用圆状标志作为控制点的情况，提出了一种求灰度重心算子对圆状目标点进行定位。这种算子的实质是一种基于质量矩的方法，用规格化的一阶质量矩作为圆的中心坐标，用二阶中心矩来判断目标的圆度。如果圆度等于 1，则明显目标为圆，如果圆度尺度较大或较小，则明显目标不是圆形（Wong and Ho，1986）。澳大利亚 Trinder 教授在 1989 年对此算子进行了研究，发现这种算子易受窗口的大小及目标位置的影响，最大影响可达到 0.5 个像素。它在 Wong 定位算子的基础上加入了权函数，认为位于圆状目标中心处的大灰度值比位于圆状目标小灰度值的权大一些（Trinder，1989）。改进后，Trinder 对不同灰度分布非对称的圆状目标通过正确选择阈值，能使影响减少到 0.02 像素。这种算法的主要缺点是：它只能对圆状目标进行定位，在一般影像中，很难找到这样的点。

（2）美国普渡大学（Purdue University）的 Mikhail 教授从数字信号理论出发，认为数字影像可以看成是理想系统的输出影像与线性系统的点扩散函数通过卷积而成的（Mikhail et al.，1984）。因此，如果某一明显目标能用一组参数来描述，那么就可将目标影像与原始影像进行比较，应用最小二乘法精确地求解这组参数，从而实现对目标的精确定位（Mikhail et al.，1984）。Mikhail 教授利用他提出的算法，对十字丝交点的影像进行定位，精度可达 0.03～0.05 像素。这种类型的算法的缺点主要是计算量大，既要进行卷积运算及其求导运算，又要进行最小二乘迭代运算；另一个主要缺点是对明显目标定位时，系统的点扩散函数必须知道，这就大大限制了它的使用范围。

（3）德国斯图加特大学（Stuttgart University）的 Förstner 教授在 1987 年提出了一种角点定位算子，该算子是摄影测量领域比较知名的定位算子。它的基本思想是（Förstner，1987）：对于角点，对最佳窗口内通过每个像元的"边缘直线"（垂直于梯度方向）进行加权重心化，得到角点的定位坐标；对于圆状点，对最佳窗口内通过每个像元的梯度直线进行加权重心化，得到圆心坐标。由此可见，Förstner 算子在计算过程中分两步来实现的（Förstner，1987）：①选择最佳窗口；②对最佳窗口进行加权并重心化，再定位角点、圆状点。

由于 Förstner 算子是在最佳窗口内对角点、圆状点进行定位，且这种算法既不需要初始值（只直接用 Roberts 梯度算子求梯度），又不要迭代计算，所以计算量很小。另外，Förstner 算子可理解为一种在 Hough 空间内的线性回归。Förstner（1987）本人推导了 Hough 空间的线性回归与他提出的角点定位算子的法方程式是一致的。我国原武汉测绘科技大学吕言（1988）在分析 Förstner 算子时，发现 Förstner 算子在对整幅图像进行操作时消耗很多时间，因此，她提出了序贯型算子。该算法的基本思想是：第一步用简单算子（ground operator）对整幅图像操作，提取出一些信息量丰富的特征区域；第二步在信息量丰富的特征区域进行操作；对一些信息贫乏（无明显标志）的区域不进行第二步操作。因此该算法的精度和速度比 Förstner 算子的精度和速度都有所改进（表 3-9）。

表 3-9 Förstner 算子和序贯型算子的性能对比

算子	精度/像素	CPU 时间/s（Sun3/280）
Förstner 算子（Förstner，1987）	1.6	0.58
序贯型算子（吕言，1988）	<1.0	0.24

为了让读者对这些角点检测算子的原理、数学模型及性能有一个全面、系统的了解。本书将这些算子列于表 3-10、表 3-11，以供参考。

从表 3-10 可以看出，在计算机视觉研究领域中，三个主要算子是 Zuniga-Haralick 算子、Kitchen-Rosenfeld 算子和 Dreschler-Nagel 算子。Nagel（1983）曾指出："Dreschler-Nagel 算子与 Kitchen-Rosenfeld 算子实际上是一致的"。Shah 和 Jain（1984）也曾指出："Zuniga-Haralick 算子与 Kitchen-Rosenfeld 算法实质是一致的"。也可以从表 3-10、表 3-11 看出，Kitchen-Rosenfeld 算子和 Zuniga-Haralick 算子的角点尺度表达式的差异只在于一个系数$(g_x^2 + g_y^2)^{0.5}$（即梯度的模），Kitchen-Rosenfeld 称为边缘尺度（edgeness measure）。但它们都做了两个假定：①角点是边缘点；②角点在阈值以上。另外，它们都是通过小面积灰度模型拟合灰度函数，求取灰度函数的各阶偏导数，进而分析每个像元处的各种曲率，寻找角点，它们只是在表达式上和处理步骤上稍有不同。

从表 3-11 可以看出，摄影测量领域提出的角点检测器既能检测由两条直线相交

表 3-10　计算机视觉中角点定位算子

算子名称	原理	公式	性能
Medioni-Yasumoto 算子（Medioni and Yasumoto, 1987）	利用三次 B 样条曲线对角点边缘进行拟合，然后量测边缘点到曲线的位移，同时计算曲线上相应位置的曲率，认为具有较大曲率和较大位移的边缘点就是角点	B 样条： $$X = f(t) = a_1 t^3 + b_1 t^2 + c_1 t + d_1$$ $$y = g(t) = a_2 t^3 + b_2 t^3 + c_2 t + d_2$$ 曲率： $$C(t) = \frac{\left| \dfrac{\mathrm{d}f}{\mathrm{d}t} \cdot \dfrac{\mathrm{d}^2 g}{\mathrm{d}t^2} - \dfrac{\mathrm{d}^2 f}{\mathrm{d}t^2} \cdot \dfrac{\mathrm{d}g}{\mathrm{d}t} \right|}{\left[\left(\dfrac{\mathrm{d}f}{\mathrm{d}t} \right)^2 + \left(\dfrac{\mathrm{d}g}{\mathrm{d}t} \right)^2 \right]^{\frac{3}{2}}}$$	该算子是基于影像分割原理，因此定位精度受分割精度的影响较大。定位精度达不到子像素级精度
Freeman-Davis 算子（Freeman and Davis, 1977） Liu 和 Srinath 算子（Liu and Srinath, 1990）	该算法是利用链码方法，通过边缘跟踪，如果某点方向不连续曲率大于阈值，该处的边界则认为存在角点	曲率： $$K_j = \ln(t_1) \cdot \sum_{i=1}^{j+s} \delta_1^2 \times \ln(t_2)$$ $$\delta_j = 2 \frac{\left[(\theta_{j+1}^s - \theta_j^s) + (\theta_j^s - \theta_{j-1}^s) \right]}{2}$$ $$= \theta_{j+1}^s - \theta_{j-1}^s$$ $$t_1 = \max \left\{ t : \delta_{j-v}^s \right\}$$ $$t_2 = \max \left\{ t : \delta_{j+s+v}^s \right\}$$	该算法计算简单，对角点定位精度要求不高的领域具有吸引力；对不是由直线形成的角点（转折点）也能检测。该算法也取决于影像分割的好坏，受噪声影响大，定位精度差
Liu-Tsai 算子（Liu and Tsai, 1990）	该算法是利用灰度矩不变方法，将包含角点及角点两条边置于圆形窗口，用采样的头三阶矩与理想影像头三阶矩相等的原理对角点进行定位	采样矩： $$M_i = \frac{1}{N} \sum \sum f^i(x, y)$$ $$= \frac{1}{N} \sum P_j h_j^i \quad i = 1, 2 \cdots$$ 理想矩： $$M_j' = \frac{1}{N} \sum l_j \quad j = 1, 2 \cdots$$ 令 $M_i = M_i' \quad i = 1, 2 \cdots$	该算法既能检测角点位置，又能给出角点方向，对噪声很敏感，有时检测一些假角点
Zuniga-Haralick 算子（Zunigu and Haralick, 1983）	该算法是首先利用二次曲面拟合角点所在小区域的灰度模型 $g(x, y)$，再利用零交叉方法来精确提取边界，计算梯度角的变化率 K（角点尺度）来检测角点	二次曲面拟合函数： $$g(x, y) = k_1 + k_2 x + k_3 y + k_4 x^2 + k_5 xy + k_6 y^2 + n(x, y)$$ 角度尺度： $$K = \frac{\left| -2(k_2^2 k_6 - k_2 k_3 k_5 + k_3^2 k_4) \right|}{(k_2^2 + k_3^2)^{\frac{3}{2}}}$$	该方法由于用到图像的一阶、二阶微分，因此受噪声影响大。窗口大小对角点有影响。一般来说，较大的窗口对角点检测有利，但定位精度不高，受边界提取影响，边缘模糊时检测效果不好，不能删除所有假角点
Kitchen-Rosenfeld 算子（Kitchen and Rosenfeld, 1982）	该算法把梯度角的变化率乘以梯度模 $(g_x^2 + g_y^2)^{0.5}$ 作为角点尺度 K 来检测角点	角度尺度： $$K = \frac{\left| -2(k_2^2 k_6 - k_2 k_3 k_5 + k_3^2 k_4) \right|}{(k_2^2 + k_3^2)}$$	该算法受噪声影响大，定位精度不高，当靠近角点的边缘模糊时，定位精度差
Dreschler-Nagel 算子（Dreschler and Nagel, 1982）	该算法对小面积影像内，用灰度函数 $g(x, y)$ 进行拟合，求得高斯曲率（$H = k_1 \cdot k_2$），在正的最大高斯曲率与负的最大高斯曲率之间，选择一转点 T，主曲率在此曲线 T 上过零的原理来检测角点	二阶偏导数： $$\nabla \nabla_s = \begin{pmatrix} g_{xx} & g_{xy} \\ g_{yx} & g_{yy} \end{pmatrix} = \begin{pmatrix} k_1 & 0 \\ 0 & k_2 \end{pmatrix}$$ $$k_{1,2} = \frac{g_{xx} + g_{xy} \pm \sqrt{(g_{xx} - g_{yy})^2 + 4}}{2}$$ $H = k_1 \cdot k_2$ 高斯曲率 k_1, k_2 主曲率	该算法受噪声影响大，计算量较大，对一些错误的角点也能检测出来，阈值选取很重要

表 3-11　摄影测量中角点定位算子

算子名称	原理	公式	性能
Wong 算子（Wong and Ho，1986）	该算法认为圆状形黑点的灰度分布显二维正态分布，因此可用一阶质量矩及二阶质量矩来判定它的圆心坐标和圆度	圆度：$R = \dfrac{I'_x}{I'_y}$ $I'_{x;\,y} = \dfrac{I_x + I_y}{2} \pm \sqrt{\dfrac{(I_x - I_y)^2}{2} + I_{xy}^2}$ 定位： $x = \dfrac{1}{M}\sum\limits_i^N \sum\limits_j^M jg_{ij}$ $y = \dfrac{1}{M}\sum\limits_i^N \sum\limits_j^M ig_{ij}$ $M = \sum\limits_i^N \sum\limits_j^M g_{ij}$	该算法适合圆状目标，窗口位置要尽量位于圆状目标中心，定位精度达子像素级精度（±0.2～±0.4像素）
Trinder 算子（Trinder，1989）	该算法认为圆状目标中心处大灰度值比圆状目标周围小灰度值对该点贡献大，因此在 Wong 算子上加入权函数	$x = \dfrac{1}{M}\sum\limits_i^N \sum\limits_j^M jg_{ij}w_{ij}$ $y = \dfrac{1}{M}\sum\sum ig_{ij}w_{ij}$ $M = \sum\limits_i^N \sum\limits_j^M g_{ij}w_{ij}$	该算法适合非对称的圆状目标，定位精度达 0.01 像素
Mikhail 算子（Mikhail et al.，1984）	该算法把数字影像看成是理想系统的输出影像与线性系统的点扩散函数通过卷积而成的。因此，如果某一明显目标用一组参数来描述，那么就可将目标影像与原始影像进行比较，再应用最小二乘法精确求解这组参数，从而实现对目标的精确定位	输出影像： $l(x,y) - f(x,y)*p(x,y) = 0$ 线性化： $l_{ij} + v_{ij} + B_{ij}\Delta = -F_{ij}(x^0)$ $V = B\Delta + C$	该算法计算量大，且要预先知道点扩散函数，受噪声影响大。对十字丝、圆状目标都可定位，精度达到 0.03 ～ 0.05 像素
Förstner 算子（Förstner，1987）	该算法是一个把原点到直线的距离作为观测值（而保持直线方向不变），梯度模的平方作为观测值的权的线性回归问题，它分两步：①选择最佳窗口；②列误差方程式，法化，计算角点坐标	①最佳窗口： $q = \dfrac{4\mathrm{Det}N}{\mathrm{tr}N}$，　$w = \dfrac{\mathrm{Det}N}{\mathrm{tr}N}$ $N = \begin{pmatrix} \sum q_{uu} & \sum q_{uv} \\ \sum q_{vu} & \sum q_{vv} \end{pmatrix}$ ②角点定位： $N = \begin{pmatrix} \sum g_r^2 & \sum g_r g_c \\ \sum g_c g_r & \sum g_c^2 \end{pmatrix}\begin{pmatrix} r_0 \\ c_0 \end{pmatrix}$ $= \begin{pmatrix} \sum g_{rr}^2 + \sum g_c g_{r^s} \\ \sum g_r g_{c'} + \sum g_{cc}^2 \end{pmatrix}$	该算法既可对角点定位，又可对圆状点定位，定位精度达子像素级。受噪声影响大，对反差小的角点不能正确检测，有时出现假角点
Lyvers 算子（Lyvers et al.，1989）	该算法认为：点特征、线特征只包含在信息量丰富的区域。因此该算法首先用简单算子（ground operator）检测梯度变化大、信息量丰富的区域，删除信息贫乏区，然后利用 Förstner 判据在信息量丰富区检测角点	①ground operator ②其他同 Förstner 算子	速度较 Förstner 算子快，精度较 Förstner 算子高

的角点，还能检测圆状目标的中心点，如 Förstner 算子、Wong 算子（不能对十字丝定位）和 Mikhail 算子。另外，由于摄影测量本身学科的需要，对角点检测与定位算子的精度要求较高。因此，摄影测量界的学者提出的角点定位算子的精度较计算机视觉界提出的角点定位算子的精度普遍要高，如 Mikhail 定位算子的定位精度达 1/10 像素，对十字丝定位精度达 0.03~0.05 像素（Mikhail and Lafayette，1984）；Trinder 对圆点的定位精度结果为 0.01 像素（Trinder，1989）；Wong 和 Ho 对 20 个圆状目标定位后用于绝对定向，测得点位精度为 0.4 像素（Wong and Ho，1986）；Förstner 用 5×5、7×7 窗口对角点定位精度达 0.4 像素（Förstner，1987）；汪治宏（1992）对角点定位，在用 21 像素×21 像素的窗口下，精度达 0.02 像素；吴晓良（1989）对影像进行定位，精度达 0.52 像素。

总之，从表 3-10、表 3-11 和上面的分析可以看出：

（1）摄影测量学界与计算机视觉界在角点检测与定位的侧重点不同，它们解决问题的重心也不完全相同，因此，方法也不尽相同；

（2）没有哪一种算子是很全面的，它们的定位精度都受噪声影响，也就是说，一种具有足够抗噪声污染能力的角点检测与定位算子需要进一步研究。

3.7　工业物体角点的特点

工业物体的角点一般是指多面体工业物体或多面体与其他体素通过布尔操作所组成的物体，经透视成像后在影像形成的角点。研究和分析这一类型的角点的特点对工业物体的空间定位、识别、自动检测、形状分析，以及景物理解非常有用（周国清，1996），其特点表现为：

（1）凸凹性，多面体经透视成像后，其外轮廓线对应的角点为凸角点（图 3-24A），其凹多面体的内轮廓线对应的角点为凹角点（图 3-24E）。

（2）真假性，真实角点投影为真角点（图 3-24A、图 3-24B），否则为假角点（图 3-24C）。

（3）凸真性，凸多边形其图像外轮廓线为凸角点，且必为真角点（图 3-24A）。

（4）多线性，多面体角点可能是由两条线以上的直（曲）线组成的交点（图 3-24A、图 3-24D）。

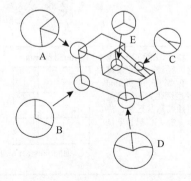

图 3-24　工业零件常见的角点（周国清，1996）

（5）凸凹性，对于多边形任意两个互不相邻的角点，连成一条直线，则总可以找到距该直线距离为最大的角点，这点对应的角点必为凸角点。

为了充分理解多面体各种形式的角点，把一些常见的角点列于图 3-25。

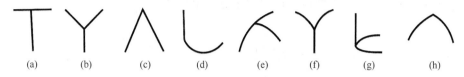

图 3-25　常见的多面体角点形式（周国清，1996）

在图 3-25 中，每一角点的形式代表着该类型出现的角点。例如，图 3-25（b）代表三条直线交于一点，也就是说该角点是由多于两条以上的直线相交于一点构成的；图 3-25（g）表示两条圆弧与一条直线相交的角点，也就是说该角点表示这一类角点是由任意形式的两条圆弧和一条直线构成的，其他角点可以依此类推。

3.8　工业物体影像的角点定位算法

Förstner 角点定位算子把点到边缘直线的距离作为观测值，观测值的权为梯度模的平方。而吴晓良（1989）在他的硕士论文中，把直线的方向作为观测值，他的理由是："如果用两条直线交于一点的原理来定位角点的话，当两条直线的方向发生变化时，其角点的位置必定发生变化（图 3-26）"。吴晓良博士对自己提出的方法和 Förstner 角点定位算子进行了对比实验。从二者的实验结果来看：由于吴晓良博士的方法剔除了大量非边缘点，定位精度不受窗口尺寸变化影响；而 Förstner 算子未剔除非边缘点，因此定位精度对使用的影像窗口尺寸大小较敏感。所以吴晓良博士提出的方法对有噪声污染的影像是比 Förstner 定位的角点精度高（吴晓良，1989），见表 3-10。

回顾式（3-32）和式（3-33），这两个式子除了说明用梯度算子计算出来的直线倾角与真正直线倾角不一致之外，而且指出了只有当直线倾角为 $\pi/4$ 的倍数时，它们才一致。同时还说明了：

（1）由于式（3-32）和式（3-33）是直线经四个像素交点推导出来的，如果直线发生平移或倾斜时，式（3-32）和式（3-33）的计算结果是不同的；也就是说，用梯度算子计算直线的倾角受直线的位置和方向影响较大。

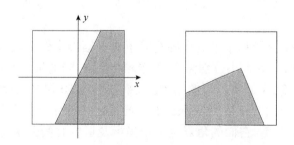

图 3-26　直线处于理想位置时的角点定位

（2）如果把角点看成是由两条直线相交的点，那么直线的平移或旋转都会使角点产生变化（图 3-27、图 3-28）。也就是说，角点所在的位置不仅与点到直线的距离有关（Förstner，1987），而且与直线的方向有关（周国清，1996）。因此，仅仅考虑点到直线的距离或直线的方向对角点定位都可能使角点产生移动。

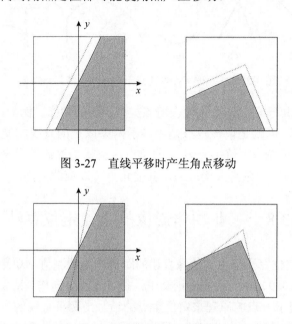

图 3-27　直线平移时产生角点移动

图 3-28　直线倾斜时产生角点移动

　　基于以上分析，本书在 3.4 节中提出的高精度边缘检测算法是以灰度作为观测值，以灰度残差平方和最小来拟合直线，因此这种算法不仅考虑了边缘点到直线的距离，而且考虑了直线的方向，应该说这种通过检测直线来检测角点的方法能达到很高的精度。所以，作者认为，可以用该方法检测出的边缘直线，借助于多面体工业零件由两条或两条以上直线交于一点的性质定位角点。

　　在实际定位角点时，由于工业物体多面体的角点通常是由两条以上直线交于一点构成的，因此在实际定位角点时，可按任意两条直线求出交点的位置，再取它们的平均值作为该角点的最后位置。

3.9　角点定位的实验结果与分析

　　作者用 Förstner 算子和本书提出的新算子对五幅影像做了试验。其中，图 3-29～图 3-31 是模拟影像，影像大小分别为 10 像素×10 像素，50 像素×50 像素，200 像素×200 像素；图 3-32 和图 3-33 是实际影像，影像大小分别为 50 像素×50 像素和 40 像素×40 像素。在每幅图中，图（a）为 Förstner 算子检测出来的角点；图（b）为本书提出的新算法检测出来的角点。它们的角点定位的坐标及运行时间分别见表 3-12～表 3-16。

　　从实验结果，作者可以提出结论（周国清，1996）：

　　（1）本书提出的新定位算子对角点定位的精度比 Förstner 算子定位角点的精度要高。

(a)   (b)

图 3-29   第 1 幅图像

(a)   (b)

图 3-30   第 2 幅图像

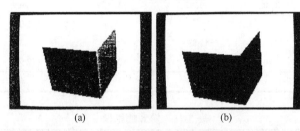

(a)   (b)

图 3-31   第 3 幅图像

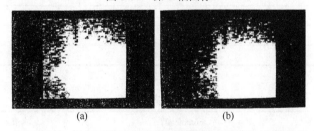

(a)   (b)

图 3-32   第 4 幅图像

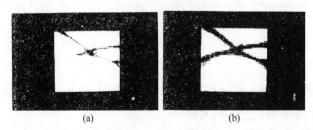

(a)   (b)

图 3-33   第 5 幅图像

表 3-12   第 1 幅影像

点号	真值		Förstner 算子		本书提出的新算子	
	行	列	行	列	行	列
1	5.0	5.0	5.960	5.683	5.211	5.349
	正确率		100%		100%	

表 3-13　第 2 幅影像

点号	真值		Förstner 算子		本书提出的新算子	
	行	列	行	列	行	列
1	15.0	5.0	14.936	4.983	15.020	4.907
2	15.0	46.0	14.157	46.231	15.294	45.934
3	36.0	26.0	35.960	25.683	36.070	25.661
正确率			100%		100%	

表 3-14　第 3 幅影像

点号	真值		Förstner 算子		本书提出的新算子	
	行	列	行	列	行	列
1	53.0	87.0			52.789	84.101
2	57.0	147.0	57.956	145.214	57.434	145.759
3	83.0	53.0	82.922	52.341	82.994	52.030
4	89.0	122.0	89.265	122.627	89.009	121.987
5	115.0	151.0			115.093	149.225
6	142.0	65.0	141.835	65.068	142.346	65.298
7	153.0	127.0	152.658	126.077	152.938	127.403
正确率			71%		100%	

表 3-15　第 4 幅影像

点号	真值		Förstner 算子		本书提出的新算子	
	行	列	行	列	行	列
1			22.887	26.358	20.279	23.443
正确率			100%		100%	

表 3-16　第 5 幅影像

点号	真值		Förstner 算子		本书提出的新算子	
	行	列	行	列	行	列
1			12.936	16.732	13.045	17.734
2			14.136	25.455	14.210	23.643
正确率			100%		100%	

（2）对于反差较小的影像，Förstner 算子不能完全检测出所有的角点，但本书提出的新定位算子几乎能检测出全部的角点。

（3）新定位算子能给出定位角点的信息，包括坐标、角度大小、方向和边数。

（4）但新定位算子要比 Förstner 算子多数倍的计算量。

3.10　本 章 小 结

边缘的高精度检测及定位是高精度工业物体量测的前提和基础。尽管边缘检测的研究发展已经经历了几十年，但其本身的重要性、难度和复杂性的特点，使许多学者仍不断提出新方法、新技术，其目的就是试图找到一种能正确地检测物体的真实边缘而不遗漏有用的边缘且不找假边缘的有效检测方法。另外，能以一个像素的宽度或小于一个像素的宽度（即子像素）的精度，对边缘进行定位，这是许多学者共同探索的目的。然而，客观现实的复杂性致使目前许多边缘检测算子仍存在许多不足之处。为此作者在本章作了以下六项工作。

（1）全面系统地回顾了国内外几种经典的边缘检测算子，并对它们检测边缘的性能作了分析。

（2）把边缘检测算法归类三大类：①阈值边缘检测；②边缘拟合检测；③二阶微分零交叉边缘检测。并以 Marr-Hildreth 算子作为阈值边缘检测算子的代表进行了分析。从理论分析和实验结果来看，本书选择不同的阈值，不仅使边缘检测效果不一样，且定位能力也受到很大影响。在这些算子中，零交叉算子具有受阈值变化不敏感、定位精度比较好的优点。

（3）从 Roberts 梯度算子出发，经公式推导，得出了用梯度算子计算出来的直线倾角与真正的直线倾角不一致，只有当直线倾角为 $\pi/4$ 的倍数时，它们才一致的结论。也就是说，用梯度方向的二阶方向导数来定位直线仍存在误差，即高斯-拉普拉斯零交叉定位直线仍具有不准确性。

（4）提出了工业物体（零件）影像的高精度边缘检测算法的数学模型，此模型是以直线经过的像元灰度与通过直线计算出来的像元灰度之差的平方和最小为判据，以进入零区为约束条件的非线性规划数学模型，本章详细地讨论了整个计算过程。通过将 Hough 变换与新算法进行对比实验，作者发现 Hough 变换存在以下问题：①由于 ρ、θ 的量化误差，Hough 变换定位能力差，同时由于影像内直线的疏密变化，很难对 ρ、θ 的量化做出规定；②由于噪声的严重干扰，经常出现假峰或漏判、错判直线的现象；③经 Hough 变换提取的边缘，很难实现区域分割。

（5）讨论了计算机视觉研究领域和摄影测量研究领域几种典型的角点定位算子的性能、数学模型及特点。

（6）分析了以点到直线的距离作为观测值定位角点和以直线的方向作为观测值定位角点与角点变化的关系；提出了以灰度作为观测值（以灰度残差平方和最小来拟合曲线）定位角点既兼顾了点到直线的距离，又兼顾了直线的方向，其定位的实际精度均比其他两种方法好，最后通过实验证实了这一结论。

参 考 文 献

郭雷. 1990. Marr-Hildreth 边界检测器定位性能分析. 自动化学报, 1: 40~44
李德仁, 周国清. 1994. 用线特征摄影测量对目标体素进行量测和重建的可行性研究. 测绘学报, 4: 267~275
李介谷. 1991. 计算机视觉的理论与实践. 上海: 上海交通大学出版社
李介谷. 1992. 在应用中成长着的计算机视觉. 模式识别与人工智能, 5(4): 266~270
吕言. 1988. 序贯一维型边缘检测新算法. 武汉测绘科技大学学报, 13(4): 16~19
汪治宏. 1992. 数字影像明显目标的高精度定位. 武汉: 武汉测绘科技大学硕士学位论文

吴晓良. 1989. 数字影像明显目标的精确定位. 武汉: 武汉测绘科技大学硕士学位论文

徐建华. 1992. 图像处理与分析. 北京: 科学出版社

许志祥. 1992. 二阶导数型边缘检测算子边缘定位误差的研究. 自动化学报, 18(4): 448~455

许志祥, 王积杰. 1992. 二项分布-拉普拉斯分布和离散的高斯-拉普拉斯边缘检测算子性能. 电子学报, 20(11): 71~74

周国清. 1996. 工业物体直线边缘定位方法的研究. 测绘通报, 3: 9~14

Ballard D H. 1979. Generalizing the Hough transform to detect arbitrary shapes. University of Rochester Computer Science TR-55, 111~122

Berzins V. 1984. Accuracy of Laplacian edge detectors. Computer Vision, Graphics, and Image Process(GVGIP), 27: 195~210

Canny J. 1986. A computational approach to edge detection. IEEE Transactions on Pattern Analysis and Machine Intelligence(PAMI)-8, 6: 679~698

Dickey F M, Shanmugarn K S. 1977. Optimum edge detection filter. Applied Optics, 16(1): 145~148

Dreschler L, Nagel H H. 1982. Volumetric model and 3D-trajectory of a moving car derived from monocular TV-frame sequences of a street scene. Computer Vision, Graphics, and Image Processing(GVGIP), 20(3): 199~228

Duda R D, Hart P E. 1972. Use of the Hough transform to detect line and curves in pictures. Computer Aided Manufacturing(CAM), 15: 11~15

Ehrich R, Schroeder F. 1981. Contextual boundary formation by one-dimensional edge detection and scan line matching. Computer Vision, Graphics, and Image Processing(GVGIP), 16: 116~149

Fei W, Chen C C. 1977. Fast boundary detection: A generalization and a new algorithm. IEEE Transactions on Computer, C-26(10): 988~998

Förstner W, Gülch E. 1987.A fast operator for detection and precise location of distant points corners and centers of circular features. In Proceeding of Inter Commission Conference of ISPRS on Fast Processing of Photogrammetric Date, Interlaken, June, 281~304

Förstner W. 1987. Reliability analysis of parameter estimation in linear models with application to measuration problems in computer vision. Computer Vision, Graphics, and Image Processing(GVGIP), 40: 273~310

Freeman H, Davis L S. 1977. A corner finding algorithm for chain code curves. IEEE Transactions on Computer, 6~26

Gennert M A. 1986. Detecting half-edges and vertices in images. In Proceeding on IEEE Computer Society Conference Computer Vision Pattern Recognition, 552~557

Haralick R M, Watson L. 1981. A facet model for images data. Computer Vision, Graphics, and Image Processing(CVGIP), 15: 113~129

Haralick R M. 1982. 18 Image texture survey. Handbook of Statistics, 2: 399~415

Haralick R M. 1984a. Solving camera parameters from the perspective projective of a parameterized curve. Pattern Recognition, 17(6): 637~645

Haralick R M. 1984b. Digital step edge from zero-crossing of second directional derivatives. IEEE Transactions on Pattern Analysis and Machine Intelligence(PAMI)-6, 1: 58~68

Hideo O. 1989. Corner detection digital curves based on local symmetry of the shape. Pattern Recognition, 22(4): 351~357

Hough P V C. 1962. A method and means for recognizing complex pattern. U. S. Patent 3, 069~654

Hueckel M. 1971. An operator which locates edges in digital picture. Journal Association for Computing Machinery(ACM), 18(1): 113~125

Kitchen L, Rosenfeld A. 1982. Gray level corner detection. Pattern Recognition Letter, 1: 95~102

Lindeberg T. 1998. Feature detection with automatic scale selection. International Journal of Computer Vision, 30(2): 79~116

Liu H C, Srinath M D. 1990.Corner detection from chain-code. Pattern Recognition, 23(1): 51~68

Liu S T, Tsai W H. 1990. Moment-preserving corner detection. Pattern Recognition, 23(5): 441~460

Luhmann T, Altrogye T. 1986.Interest operator for image matching. Intelligence Architectual Photogrammetry, Remote Sensing comments-IV, Rovaniemi, 26: 459~475

Lunscher W H N J, Beddoes M P. 1986a. Optimal edges detector design I: Parameter selection and noise effects. IEEE Transactions on Pattern Analysis and Machine Intelligence(PAMI)-8, 2: 164~177

Lunscher W H N J, Beddoes M P. 1986b. Optimal edges detector design II: Coefficient quantization. IEEE Transactions on Pattern Analysis and Machine Intelligence(PAMI)-8, 2: 178~187

Lyvers E P, Mitchell O R, Akey M L, et al. 1989. Sub-pixel measurement using a moment-based edge operator. IEEE Transactions on Pattern Analysis and Machine Intelligence(PAMI)-11, 12: 1293~1298

Machuca R, Gilbert A L. 1981. Finding edges in noisy scenes. IEEE Transactions on Pattern Analysis and Machine Intelligence(PAMI)-3, 1: 103~111

Macvicar-Whelan P J, Binford T O. 1981. Line finding with sub-pixel precision. Proceeding Society of Photo-Optical Instrumentation Engineers(SPIE), 281

Marr D, Hildreth E C. 1980. Theory of edge detection. Proceedings of the Royal Society of London, B207: 187~217

Medioni G, Yasumoto Y. 1987. Corner detection and curve representation using cubic B-splines. Computer Vision, Graphics, and Image Processing(GVGIP), 39: 267~278

Mikhail E, Lafayette W. 1984. Photogrammetric target location to sub-pixel accuracy in digital images. Photogrammetric, 139: 217~230

Mikhail E M, Akey M L, Mitchall O R. 1984. Detection and location of photogrammetric targets in digital images. Photogrammetric, 39: 63~84

Moravec H. 1979. Visual mapping a robot. In Proceeding 6th International Joint Conference Artificial Intelligence, Tokyo, Japan, August, 1

Nagel H H. 1983. Displacement vectors derived from second-order intensity variations in image sequences. Computer Vision, Graphics, and Image Processing(GVGIP), 21: 85~117

Nalwa V S, Binford T O. 1986. On detecting edge. IEEE Transactions on Pattern Analysis and Machine Intelligence(PAMI)-8, 6: 699~714

Nevatia R, Babu K R. 1980. Linear feature extraction and description. Computer Vision, Graphics, and Image Processing(GVGIP), 13: 257~269

Prewitt J M S. 1970. Object Enhancement and Extraction. Picture Processing and Psychopictorics. New York: Academic Press.

Roberts L G. 1965. Machine Perception of Three-dimensional Solids, in Optical and Electric-Optical Information. In: Tippett J T, et al. Cambridge: MAMIT Press

Rosenfeld A, Thurston M. 1971. Edge and curve detection for visual scene analysis. IEEE Computer, TC-20: 512~569

Schachter B J, Lev A, Zucker S W, et al. 1984. An application of relaxation methods to edge reinforcement. IEEE Transactions on Pattern Analysis and Machine Intelligence(PAMI)-6, 1: 58~68

Shah M A, Jain R. 1984. Detecting time-varying corners. Computer Vision, Graphics, and Image Processing(GVGIP), 28: 345~355

Sklansky J. 1978. On the Hough technique for curve detection. IEEE Transactions on Computers, C-27(10): 923~926

Sobel I, Feldman G. 1968. A 3×3 isotropic gradient operator for image processing. Presented at the Stanford Artificial Intelligence Project(SAIL). Die pharmazie,7(8)

Tabatabai A J, Mitchell O R. 1984. Edge location to sub-pixel values in digital image. IEEE Transactions on Pattern Analysis and Machine Intelligence(PAMI)-6, 2: 188~201

Tanimoto S, Pavlidis P. 1975. A hierachical data structure for picture processing. Computer Vision, Graphics, and Image Processing(GVGIP), 4: 104~119

Torre V, Poggio T. 1986. On edge detection. IEEE Transactions on Pattern Analysis and Machine Intelligence(PAMI)-8, 2: 147~163

Trinder J C. 1989. Precision of digital target location. Photogrammetric Engineering & Remote Sensing(PE&RS), 6: 883~886

Venkatesh S, Kitchen L J. 1992. Edge evaluation using necessary components. Computer Vision, Graphics, and Image Processing(GVGIP), 59(1): 23~30

Weiss R, Schonauer W. 1990. Data reduction(dare)preconditioning for generalized conjugate-gradient methods. Lecture Notes in Mathematics, 1457: 137~153

Wong K W, Ho W H. 1986. Close-range mapping with a solid state camera. Photogrammetric Engineering & Remote Sensing(PE&RS), 2(1): 67~74

Xu J, Oja E, Kultanen P. 1990. A new curve detection method-randomized Hough transform(RHT). Pattern Recognition Letters, 11(5): 331~338

Zuniga O A, Haralick R M. 1983. Corner detection using the facet model. IEEE Conference on Computer Vision and Pattern Recognition(CVPR), 30~37

第 4 章　线摄影测量的数学模型

4.1　线摄影测量坐标系

在 CAD 系统中，一个复杂的物体是由体素经布尔运算拼合而成，用线摄影测量量测来重建工业零件，要用到描述这个工业零件中各个体素的方程，而描述各个体素（几何元素）的表达形成（一种参数表达形式）都是基于体素坐标系（又称局部坐标系）。因此，对于基于 CAD 系统中，CSG 和 B-rep 相结合的表示方法，用线摄影测量量测与重建工业零件首先必须研究坐标系之间的关系。

在基于 CSG 与 B-rep 相结合的线摄影测量中，量测和重建工业零件所遇到的坐标系主要有：①体素坐标系（局部坐标系）；②模型坐标系；③像空间坐标系；④像平面坐标系。

（1）体素坐标系（局部坐标系）：是描述体素几何信息和位置信息所用的坐标系。坐标系的原点，X、Y、Z 轴都是根据 CAD 系统中描述体素方便而设置的，它是右手坐标系。例如，图 4-1 中描述圆锥的体素坐标系为 $v\text{-}x_v y_v z_v$。一个复杂的工业零件是由若干个体素通过布尔运算拼合而成，所以一个复杂的工业零件存在若干个体素坐标系。

（2）模型坐标系：模型坐标系是为了描述工业零件在空间的相对位置，它是一个参考坐标系。在 CAD 系统中，描述某工业零件是以一定的数据结构存储的，且其坐标是相对坐标。一般来说，这种相对坐标是基于模型本身。因此，在用线摄影测量量测工业零件时，需要选定一个参考坐标系，这种参考坐标系以工业零件中最大体素的体素坐标系作为参考坐标系，由于这种参考坐标系是基于模型本身，因此，又称模型坐标系，见图 4-1 中 $O\text{-}XYZ$。

（3）像空间坐标系：像空间坐标系是用于描述像点的空间位置。像点在像平面上的位置总是由其像点的平面坐标 (X, Y) 所确定的，为了便于实现像点位置与其相应点的空间位置的相互换算，线摄影测量引入了像空间坐标系。像空间坐标系是以投影中心 S 为原点，X、Y 轴与像平面上所选定的 X、Y 轴平行，Z 轴与摄影方向 S 重合，形成像空间右手直角坐标系 $S\text{-}XYZ$（图 4-1）。

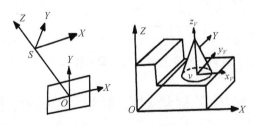

图 4-1　线摄影测量坐标系

（4）像平面坐标系：表示像点在像平面上的位置。通常以像主点为坐标原点，相对

框标连线作为 x、y 轴。在实时摄影测量及计算机视觉中，常用 CCD 传感器俘获数字化影像，影像坐标系（像平面坐标系）在计算机内被处理为二维（2D）像素坐标系（pixel coordinate system），它与通过模拟方法获得像片（软片），再数字化得到数字影像的影像坐标系。像素坐标系和影像坐标系是不同的，两者原点不同，像素坐标系原点定为左上角，其 x 轴正方向朝右，y 方向朝下（图4-2）；再者，在像素坐标系中，是以单位像素来定义的，即以行、列号表示的，而影像坐标系以毫米来计量，两者对应关系见图4-2，其转换表达式为

$$x = (x_p - x_o)p_x \qquad (4\text{-}1a)$$

$$y = (y_p - y_o)p_y \qquad (4\text{-}1b)$$

式中，x_o、y_o 为影像坐标系中像素 o 的起始坐标；p_x、p_y 为在像素坐标系中 x、y 方向像素的大小。

影像坐标系的原点定义在数字影像中心，如果它的 x、y 方向大小为 n_x、n_y 个像素，左顶点像素坐标为 x_{p_1}，y_{p_1} 的坐标为

$$x_o = x_{p_1} + n_x/2 - 0.5 \qquad (4\text{-}2a)$$

$$y_o = y_{p_1} + n_y/2 - 0.5 \qquad (4\text{-}2b)$$

其中，(x_{p_1}, y_{p_1}) 像素的坐标常取（0，0）、（0.5，0.5）；p_x、p_y 的值可直接从数字传感器或先验知识中获取。

在线摄影测量系统中，我们假定摄像机相对于参考坐标系的内、外方位元素已知。其中内方位元素通过对 CCD 摄像机的检校获得，而外方位元素可以通过对布设的标志点的识别和后方交会求得，被称为相机定标式校定（摄影测量称为检校）。

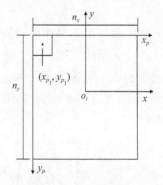

图4-2　像素坐标系与影像坐标系的关系

4.2　线摄影测量对体素量测的数学模型

由于某一复杂工业零件是由若干个体素经布尔操作拼合而成，量测与重建某一复杂

物体同样可以把物体分成若干个体素,对体素分别量测。因此作为研究用线摄影测量量测与重建工业零件的入口,先研究体素的量测与重建。我们假定,对于某一个体素量测来说,体素坐标系就是模型坐标系。也就是说,确定摄影机内、外方位元素所用的坐标系与描述体素所用的体素坐标系是一致的。

4.2.1 线摄影测量原理

设在 B-rep 中,描述体素几何信息的参数方程为

$$\begin{cases} X = X(s) \\ Y = Y(s) \\ Z = Z(s) \end{cases} \tag{4-3}$$

式中,s 为参数矢量,式(4-3)既可以表示空间直(曲)线,又可以表示空间曲面。

设体素经透视成像后,在左、右影像上形成的特征为 t、t',(图 4-3),在线特征 t 上任取一点 p,则体素上必有一点 P 与 p 对应,p、P 除满足共线方程外,P 点还满足描述体素几何信息的参数方程,即

$$\begin{cases} x_p - x_o = -f \dfrac{a_1(X_P-X_s)+b_1(Y_P-Y_s)+c_1(Z_P-Z_s)}{a_3(X_P-X_s)+b_3(Y_P-Y_s)+c_3(Z_P-Z_s)} \\ y_p - y_o = -f \dfrac{a_2(X_P-X_s)+b_2(Y_P-Y_s)+c_2(Z_P-Z_s)}{a_3(X_P-X_s)+b_3(Y_P-Y_s)+c_3(Z_P-Z_s)} \end{cases} \tag{4-4}$$

$$\begin{cases} X_P = X_P(s) \\ Y_P = Y_P(s) \\ Z_P = Z_P(s) \end{cases} \tag{4-5}$$

式中,a_i,b_i,c_i 为左影像旋转矩阵分量,$i=1$,2,3;X_s,Y_s,Z_s 为左影像投影中心坐标;f 为左影像摄影机焦距;x_o,y_o 为左影像投影中心坐标;x_p,y_p 为左影像量测 p 点的坐标;X_P,Y_P,Z_P 为体素表面 P 点的坐标。

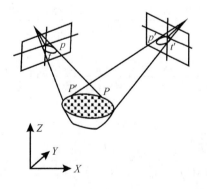

图 4-3　线摄影测量原理

将式（4-5）代入式（4-4），得观测方程式：

$$\begin{cases} x_p - x_o = -f\dfrac{a_1[X_P(s)-X_s]+b_1[Y_P(s)-Y_s]+c_1[Z_P(s)-Z_s]}{a_3[X_P(s)-X_s]+b_3[Y_P(s)-Y_s]+c_3[Z_P(s)-Z_s]} = -F_p^x \\[4mm] y_p - y_o = -f\dfrac{a_2[X_P(s)-X_s]+b_2[Y_P(s)-Y_s]+c_2[Z_P(s)-Z_s]}{a_3[X_P(s)-X_s]+b_3[Y_P(s)-Y_s]+c_3[Z_P(s)-Z_s]} = -F_p^y \end{cases} \tag{4-6}$$

如果在体素的右影像特征线 t' 上任取一点 p'（与 p 不一定是同名点）（图 4-3），同样可列观测方程式：

$$\begin{cases} x_{p'} - x_o' = -f'\dfrac{a_1'[X_{P'}(s)-X_s']+b_1'[Y_{P'}(s)-Y_s']+c_1'[Z_{P'}(s)-Z_s']}{a_3'[X_{P'}(s)-X_s']+b_3'[Y_{P'}(s)-Y_s']+c_3'[Z_{P'}(s)-Z_s']} = -F_{p'}^x \\[4mm] y_{p'} - y_o' = -f'\dfrac{a_2'[X_{P'}(s)-X_s']+b_2'[Y_{P'}(s)-Y_s']+c_2'[Z_{P'}(s)-Z_s']}{a_3'[X_{P'}(s)-X_s']+b_3'[Y_{P'}(s)-Y_s']+c_3'[Z_{P'}(s)-Z_s']} = -F_{p'}^y \end{cases} \tag{4-7}$$

式中，带撇号的变量为与式（4-6）相对应的参数。

式（4-6）和式（4-7）就是线摄影测量数学模型的非线性形式。由于 x_p、y_p、$x_{p'}$、$y_{p'}$ 为观测值，相应的改正数设为 V_{xp}、V_{yp}、$V_{xp'}$、$V_{yp'}$，同时设式（4-6）有 n 个未知参数（s_1，s_2，…，s_n），式（4-7）有 T（$T>n$）个未知参数（s_1'，s_2'，…，s_T'）。一般来说，它们与 s_1，s_2，…，s_n 之间可能存在共同的参数，不妨设前 n 个参数相同。用泰勒级数展开式（4-6）、式（4-7），并化为误差方程式，即

$$\begin{cases} V_{xp} = a_{11}d_{s_1} + a_{12}d_{s_2} + \cdots + a_{1n}d_{s_T} - l_{xp} \\ V_{yp} = a_{21}d_{s_1} + a_{22}d_{s_2} + \cdots + a_{2n}d_{s_T} - l_{yp} \\ V_{xp'} = b_{11}d_{s_1'} + b_{12}d_{s_2'} + \cdots + b_{1T}d_{s_T'} - l_{xp'} \\ V_{yp'} = b_{21}d_{s_1'} + b_{22}d_{s_2'} + \cdots + b_{2T}d_{s_T'} - l_{yp'} \end{cases} \tag{4-8}$$

式中，

$$a_{11} = \frac{\partial F_p^x}{\partial X_P(s)}\frac{\partial X_P(s)}{\partial s_1} + \frac{\partial F_p^x}{\partial Y_P(s)}\frac{\partial Y_P(s)}{\partial s_1} + \frac{\partial F_p^x}{\partial Z_P(s)}\frac{\partial Z_P(s)}{\partial s_1}$$

$$a_{12} = \frac{\partial F_p^x}{\partial X_P(s)}\frac{\partial X_P(s)}{\partial s_2} + \frac{\partial F_p^x}{\partial Y_P(s)}\frac{\partial Y_P(s)}{\partial s_2} + \frac{\partial F_p^x}{\partial Z_P(s)}\frac{\partial Z_P(s)}{\partial s_2}$$

$$\vdots$$

$$a_{1n} = \frac{\partial F_p^x}{\partial X_P(s)}\frac{\partial X_P(s)}{\partial s_n} + \frac{\partial F_p^x}{\partial Y_P(s)}\frac{\partial Y_P(s)}{\partial s_n} + \frac{\partial F_p^x}{\partial Z_P(s)}\frac{\partial Z_P(s)}{\partial s_n}$$

$$a_{21} = \frac{\partial F_p^y}{\partial X_P(s)}\frac{\partial X_P(s)}{\partial s_1} + \frac{\partial F_p^y}{\partial Y_P(s)}\frac{\partial Y_P(s)}{\partial s_1} + \frac{\partial F_p^y}{\partial Z_P(s)}\frac{\partial Z_P(s)}{\partial s_1}$$

$$a_{22} = \frac{\partial F_p^y}{\partial X_P(s)} \frac{\partial X_P(s)}{\partial s_2} + \frac{\partial F_p^y}{\partial Y_P(s)} \frac{\partial Y_P(s)}{\partial s_2} + \frac{\partial F_p^y}{\partial Z_P(s)} \frac{\partial Z_P(s)}{\partial s_2}$$

$$\vdots$$

$$a_{2n} = \frac{\partial F_p^y}{\partial X_P(s)} \frac{\partial X_P(s)}{\partial s_n} + \frac{\partial F_p^y}{\partial Y_P(s)} \frac{\partial Y_P(s)}{\partial s_n} + \frac{\partial F_p^y}{\partial Z_P(s)} \frac{\partial Z_P(s)}{\partial s_n}$$

$$b_{11} = \frac{\partial F_{p'}^x}{\partial X_{P'}(s)} \frac{\partial X_{P'}(s)}{\partial s_1'} + \frac{\partial F_{p'}^x}{\partial Y_{P'}(s)} \frac{\partial Y_{P'}(s)}{\partial s_1'} + \frac{\partial F_{p'}^x}{\partial Z_{P'}(s)} \frac{\partial Z_{P'}(s)}{\partial s_1'}$$

$$b_{12} = \frac{\partial F_{p'}^x}{\partial X_{P'}(s)} \frac{\partial X_{P'}(s)}{\partial s_2'} + \frac{\partial F_{p'}^x}{\partial Y_{P'}(s)} \frac{\partial Y_{P'}(s)}{\partial s_2'} + \frac{\partial F_{p'}^x}{\partial Z_{P'}(s)} \frac{\partial Z_{P'}(s)}{\partial s_2'}$$

$$\vdots$$

$$b_{1T} = \frac{\partial F^x}{\partial x_{P'}(s)} \frac{\partial X_{P'}(s)}{\partial s_T'} + \frac{\partial F^x}{\partial Y_{p'}(s)} \frac{\partial Y_{P'}(s)}{\partial s_T'} + \frac{\partial F^x}{\partial Z_{p'}(s)} \frac{\partial Z_{P'}(s)}{\partial s_T'}$$

$$\vdots$$

$$b_{2T} = \frac{\partial F_{p'}^y}{\partial X_{P'}(s)} \frac{\partial X_{P'}(s)}{\partial s_T'} + \frac{\partial F_{p'}^y}{\partial Y_{P'}(s)} \frac{\partial Y_{P'}(s)}{\partial s_T'} + \frac{\partial F_{p'}^y}{\partial Z_{P'}(s)} \frac{\partial Z_{P'}(s)}{\partial s_T'}$$

写成矩阵形式：

$$V = AX - L \tag{4-9}$$

式中，

$$V = (V_{xp}, V_{yp}, V_{xp'}, V_{yp'})^{\mathrm{T}}$$

$$A = \begin{bmatrix} a_{11} & a_{12} & \cdots & a_{1n} & 0 & 0 & \cdots & 0 \\ a_{21} & a_{22} & \cdots & a_{2n} & 0 & 0 & \cdots & 0 \\ b_{11} & b_{12} & \cdots & b_{1n} & b_{1n+1} & b_{1n+2} & \cdots & b_{1T} \\ b_{21} & b_{22} & \cdots & b_{2n} & b_{2n+1} & b_{2n+1} & \cdots & b_{2T} \end{bmatrix} \quad L = \begin{bmatrix} l_{xp} \\ l_{yp} \\ l_{xp'} \\ l_{yp'} \end{bmatrix}$$

在计算常数项 L 时，由于在计算机视觉中常用 CCD 摄像机获得数字化影像，其影像变形很大。有时 CCD 影像边界达 200μm（Baltsavias，1991）。因此在计算常数项时，对于传感器的变形参数，可以在共线方程式中应用影像坐标改正数ΔX_S、ΔY_S 来补偿（Baltsavias，1991）。这些改正数是补偿系统误差的，可以直接从物理模型（明显的模型误差，如透镜变形）或从函数模型（隐含模型误差）得到。因此，常数项计算可写为

$$\begin{cases} l_{xp} = F_p^x(0) + \Delta X_s \\ l_{yp} = F_p^y(0) + \Delta Y_s \end{cases} \tag{4-10}$$

$$\begin{cases} l_{xp'} = F_{p'}^x(0) + \Delta X_s \\ l_{yp'} = F_{p'}^y(0) + \Delta Y_s \end{cases} \tag{4-11}$$

以下所有的数学模型的常数项计算，都是指经补偿系统误差改正后的常数项，故不再强调。

如果在左影像上的同一条特征线上量测 N 个点，可列立 $2N$ 个误差方程式；如果在右影像的同名特征线上量测 N' 个点（不一定与 N 个点是同名点），可列立 $2N'$ 个误差方程式。假定平差模型共有 T 个未知参数，当量测的数量点满足不等式：$2(N+N')>T$ 时，就可以通过最小二乘平差方法求解未知数的最优估值。其一般形式可写为

$$\underset{2(N+N')\times1}{V} = \underset{2(N+N')\times T}{A} \cdot \underset{T\times1}{X} - \underset{2(N+N')\times1}{L} \tag{4-12a}$$

同时，假定观测误差服从高斯正态分布，即

$$V \sim N(0, \sigma_o^2 Q) \tag{4-12b}$$

式（4-12）是高斯-马尔可夫模型，其最小二乘估计为

$$\hat{X} = N^{-1}A^{\mathrm{T}}PL \tag{4-13}$$

相应法方程式：

$$NX = A^{\mathrm{T}}PL \tag{4-14}$$

式中，

$$N = A^{\mathrm{T}}PA \tag{4-15}$$

由于方程式是非线性化，求解需要反复迭代，直到参数改正数小于某一阈值。

由于描述各种不同体素的参数表达形式不同，上述误差式（4-12）及式（4-14）的系数具有不同的表现形式，现就常见的四种线特征：直线特征、二次曲线特征、相交线特征和自由曲线特征，进行讨论。

4.2.2 直线特征的线摄影测量数学模型

直线特征是最主要、最常见的线特征，其参数方程表示为

$$P = C + d \cdot t \tag{4-16}$$

式中，P 为直线上任一点；C 为直线上固定一点；d 为方向矢量 $d = (\alpha, \beta, \gamma)$；$t$ 为参数。其分量形式为

$$\begin{cases} X_P = X_C + \alpha \cdot t \\ Y_P = Y_C + \beta \cdot t \\ Z_P = Z_C + \gamma \cdot t \end{cases} \tag{4-17}$$

假定在左、右影像的线特征上分别任意取一点 a、b（图 4-4），根据式（4-6）和式（4-7），可建立如下的观测方程式。

左影像：

$$\begin{cases} x_a - x_o = -f\dfrac{a_1(X_C + \alpha t - X_S) + b_1(Y_C + \beta t - Y_S) + c_1(Z_C + \gamma t - Z_S)}{a_3(X_C + \alpha t - X_S) + b_3(Y_C + \beta t - Y_S) + c_3(Z_C + \gamma t - Z_S)} \\[3mm] y_a - y_o = -f\dfrac{a_2(X_C + \alpha t - X_S) + b_2(Y_C + \beta t - Y_S) + c_2(Z_C + \gamma t - Z_S)}{a_3(X_C + \alpha t - X_S) + b_3(Y_C + \beta t - Y_S) + c_3(Z_C + \gamma t - Z_S)} \end{cases} \quad (4\text{-}18)$$

右影像：

$$\begin{cases} x_b - x_o' = -f'\dfrac{a_1'(X_C + \alpha t - X_S') + b_1'(Y_C + \beta t' - Y_S') + c_1'(Z_C + \gamma t' - Z_S')}{a_3'(X_C + at' - X_S') + b_3'(Y_C + \beta t' - Y_S') + c_3'(Z_C + \gamma t' - Z_S')} \\[3mm] y_b - y_o' = -f'\dfrac{a_2'(X_C + \alpha t' - X_S') + b_2'(Y_C + \beta t' - Y_S') + c_2'(Z_C + \gamma t' - Z_S')}{a_3'(X_C + at' - X_S') + b_3'(Y_C + \beta t' - Y_S') + c_3'(Z_C + \gamma t' - Z_S')} \end{cases} \quad (4\text{-}19)$$

其中，x_a、y_a、x_b、y_b 为左影像特征线上点 a 和右影像特征线上点 b 的坐标；t、t' 为直线的参数；X_C、Y_C、Z_C 为直线上固定点 C 的坐标。

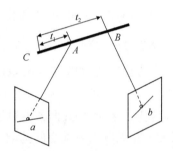

图 4-4　直线特征的线摄影测量

从式（4-18）和式（4-19）可以看出，确定空间任意直线有六个固定参数 X_C、Y_C、Z_C、α、β、γ，而且每量测一点，只增加一个未知参数 t。如果有 M 幅影像，每幅影像上量测 N_i（$i=1$，…，M）个点，则观测方程式为 $2\times(N_1+N_2+\cdots+N_M)$，未知参数为 $N_1+N_2+\cdots+6$。为了使未知参数有唯一的解，$2\times(N_1+N_2+\cdots+N_M)>N_1+N_M+6$ 必须满足，才能用最小二乘平差方法迭代求解。

但是，在实际求解过程中，由于可以选择直线上任意一点作为固定点 C，并且直线方向矢量的 $d=(\alpha$，β，$\gamma)$ 的模 $\sqrt{\alpha^2+\beta^2+\gamma^2}$ 的大小也是随矢量 α，β，γ 而变换的，且在影像上每量测一点就有一个未知参数 t 与之对应，t 的确定与固定点 C 的选择有关。也就是说，t 与 C 点的位置是相关的，因此，用线摄影测量同时求解固定坐标 $C(X_C, Y_C, Z_C)$、方向矢量 $\vec{d}(\alpha, \beta, \gamma)$ 和参数 t 是不唯一的。为了唯一地确定空间直线（有唯一的解），Mulawa 和 Mikhail（1988）采用了固定点坐标 C、方向矢量 $\vec{d}$、参数 t 分开求解的措施。他们利用约束条件 $\|\vec{d}\| \underset{\triangle}{=} 1$（单位矢量），$(\vec{C} - \vec{L}) \cdot \vec{d} \underset{\triangle}{=} 0$，即固定点与投影中

心形成的矢量与直线方向矢量垂直 [图4-5（a）]，其数学模型为

$$\begin{cases} F_1 = \vec{p} \cdot [\vec{d} \times (\vec{C} - \vec{L})] \underline{\underline{\triangle}} 0 \\ F_2 = \left\| \vec{d} \right\| \underline{\underline{\triangle}} 1 \\ F_3 = (\vec{C} - \vec{L}) \cdot \vec{d} \underline{\underline{\triangle}} 0 \end{cases} \qquad (4\text{-}20)$$

其中，$\vec{p} = R \begin{bmatrix} x \\ y \\ -f \end{bmatrix}$；$C$ 为传感器投影中心在摄影测量坐标系中的坐标；p 为量测的任意影像坐标，通过旋转矩阵 R 变化为与摄影坐标系相平行的像空间坐标系坐标；R 为旋转矩阵。

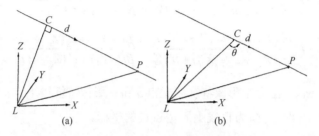

图4-5　直线的不确定与唯一性问题

Zielinski（1992）在使用这个模型时发现，求解空间参数（X_P，Y_P，Z_P）、（X_d，Y_d，Z_d）时，可能使未知参数的验后协因数阵（posteriori covariance matrix）奇异（singular），但其存在以下优点：①使用共面条件及几何约束能使空间标量 t 和空间坐标 P 分开求解；②大量的数据实验表明，线特征共面条件对于一定的初始值来说是稳健的（robust）。因此，Zielinski（1992）在吸取上述优点的基础上，仍以共面条件出发，引入空间直线四个参数（δ，φ，r，γ），并对水平线、垂直线、平行线、相交于一点的相交线作了详细讨论。他将这些线与线之间的几何关系（平行、相交、垂直）作为几何约束，最后采用附有条件的间接平差作为数学模型求解空间直线的参数，并证明了其精度与立体摄影测量求空间直线的精度相等。

作者对 Zielinski（1992）提出的数学模型用近百组试验数据进行试验，其结果发现，Zielinski 提出的数学模型求解未知参数需要很好的初始值。如果没有好的初始值，迭代有时中断或发散。有时迭代虽然能收敛，但不能收敛到正确的结果。这里我们仍以 Mikhail 提出的数学模型作为求解空间直线参数的数学模型。

Mulawa 和 Mikhail（1988）认为，利用 2D 影像坐标确定空间直线上某点的三维坐标，必须把确定空间直线的参数（一个固定点、一个方向矢量）与确定某点三维坐标的参数（t）分开求解。确定空间直线参数需要六个参数：一个固定点 $C(X_C, Y_C, Z_C)$、一个方向矢量 $\vec{d} = (\alpha, \beta, \gamma)$。六个参数的确定可以用空间直线上一固定点 C 与投影中心连线组成的方向矢量 $(\vec{C} - \vec{L})$、直线方向矢量 $\vec{d}$、直线上任一点与固定点组成的矢量 $\vec{P}(X_P, Y_P, Z_P)$ 共面来求解，即 $\vec{P} \cdot [\vec{d} \times (\vec{C} - \vec{L})] \underline{\underline{\triangle}} 0$。为了唯一地确定空间直线，必须抑制

直线方向矢量的模的大小和固定直线上固定点的位置，因此附加两个约束条件$\left\|\vec{d}\right\|\underline{\underline{\Delta}}1$和$\vec{d}\cdot\left(\vec{C}-\vec{L}\right)\underline{\underline{\Delta}}0$，即数学模型为

$$\begin{cases} F_1 = \vec{p}\cdot[\vec{d}\times(\vec{C}-\vec{L})]\underline{\underline{\Delta}}\,0 \\ F_2 = \left\|\vec{d}\right\|\underline{\underline{\Delta}}\,1 \\ F_3 = (\vec{C}-\vec{L})\cdot\vec{d}\underline{\underline{\Delta}}\,0 \end{cases} \tag{4-21}$$

式中，$\vec{p}=R\begin{bmatrix} x \\ y \\ -f \end{bmatrix}$。

三个矢量共面的条件是其混合积为 0。设其三个矢量在$\vec{i}$，$\vec{j}$，$\vec{k}$坐标系中的分量分别为(X_P,Y_P,Z_P)、(α,β,γ)、$(X_C-X_L,Y_C-Y_L,Z_C-Z_L)$，故数学模型的分量形式为

$$F_1 = \begin{vmatrix} X_P & Y_P & Z_P \\ \alpha & \beta & \gamma \\ X_C-X_L & Y_C-Y_L & Z_C-Z_L \end{vmatrix} \underline{\underline{\Delta}}\,0 \tag{4-22a}$$

$$F_2 = \alpha^2 + \beta^2 + \gamma^2 \underline{\underline{\Delta}}\,0 \tag{4-22b}$$

$$F_3 = \alpha(X_C-X_L) + \beta(Y_C-Y_L) + \gamma(Z_C-Z_L)\underline{\underline{\Delta}}\,0 \tag{4-22c}$$

以上三式都是非线性函数，对这样的非线性函数的运算，常采用多元函数的泰勒级数（Taylor serie）展开式，而且只取其一次项。然后用适当的初始值代入，解求改正数，用改正后的值代入，重新计算改正数，如此反复迭代，以逐步趋近的解算方法求解。因此将以上三式展开，并化为误差方程式：

$$a_{11}v_x + a_{12}v_y + b_{11}\mathrm{d}\alpha + b_{12}\mathrm{d}\beta + b_{13}\mathrm{d}\gamma + b_{14}\mathrm{d}X_C + b_{15}\mathrm{d}Y_C + b_{16}\mathrm{d}Z_C + L_1 = 0 \tag{4-23a}$$

$$b_{21}\mathrm{d}\alpha + b_{22}\mathrm{d}\beta + b_{23}\mathrm{d}\gamma + L_2 = 0 \tag{4-23b}$$

$$b_{31}\mathrm{d}\alpha + b_{32}\mathrm{d}\beta + b_{33}\mathrm{d}\gamma + b_{34}\mathrm{d}X_C + b_{35}\mathrm{d}Y_C + b_{36}\mathrm{d}Z_C + L_3 = 0 \tag{4-23c}$$

式中，

$$a_{11} = \frac{\partial F_1}{\partial x} = \begin{vmatrix} a_1 & b_1 & c_1 \\ \alpha & \beta & \gamma \\ X_C-X_L & Y_C-Y_L & Z_C-Z_L \end{vmatrix}$$

$$a_{12} = \frac{\partial F_1}{\partial y} = \begin{vmatrix} a_2 & b_2 & c_2 \\ \alpha & \beta & \gamma \\ X_C-X_L & Y_C-Y_L & Z_C-Z_L \end{vmatrix}$$

$$b_{11} = \frac{\partial F_1}{\partial \alpha} = \begin{vmatrix} a_1x+a_2y-a_3f & b_1x+b_2y-b_3f & c_1x+c_2y-c_3f \\ 1 & 0 & 0 \\ X_C-X_L & Y_C-Y_L & Z_C-Z_L \end{vmatrix} = \begin{vmatrix} b_1x+b_2y-b_3f & c_1x+c_2y-c_3f \\ Y_C-Y_L & Z_C-Z_L \end{vmatrix}$$

$$b_{12} = \frac{\partial F_1}{\partial \beta} = \begin{vmatrix} a_1 x + a_2 y - a_3 f & b_1 x + b_2 y - b_3 f & c_1 x + c_2 y - c_3 f \\ 0 & 1 & 0 \\ X_C - X_L & Y_C - Y_L & Z_C - Z_L \end{vmatrix} = \begin{vmatrix} a_1 x + a_2 y - a_3 f & c_1 x + c_2 y - c_3 f \\ X_C - X_L & Z_C - Z_L \end{vmatrix}$$

$$b_{13} = \frac{\partial F_1}{\alpha \gamma} = \begin{vmatrix} a_1 x + a_2 y - a_3 f & b_1 x + b_2 y - b_3 f & c_1 x + c_2 y - c_3 f \\ 0 & 0 & 1 \\ X_C - X_L & Y_C - Y_L & Z_C - Z_L \end{vmatrix} = \begin{vmatrix} a_1 x + a_2 y - a_3 f & b_1 x + b_2 y - b_3 f \\ Y_C - Y_L & Z_C - Z_L \end{vmatrix}$$

$$b_{14} = \frac{\partial F_1}{\partial X_C} = \begin{vmatrix} a_1 x + a_2 y - a_3 f & b_1 x + b_2 y - b_3 f & c_1 x + c_2 y - c_3 f \\ \alpha & \beta & \gamma \\ 1 & 0 & 0 \end{vmatrix} = \begin{vmatrix} b_1 x + b_2 y - b_3 f & c_1 x + c_2 y - c_3 f \\ \beta & \gamma \end{vmatrix}$$

$$b_{15} = \frac{\partial F_1}{\partial Y_C} = \begin{vmatrix} a_1 x + a_2 y - a_3 f & b_1 x + b_2 y - b_3 f & c_1 x + c_2 y - c_3 f \\ \alpha & \beta & \gamma \\ 0 & 1 & 0 \end{vmatrix} = \begin{vmatrix} a_1 x + a_2 y - a_3 f & c_1 x + c_2 y - c_3 f \\ \alpha & \gamma \end{vmatrix}$$

$$b_{16} = \frac{\partial F_1}{\partial Z_C} = \begin{vmatrix} a_1 x + a_2 y - a_3 f & b_1 x + b_2 y - b_3 f & c_1 x + c_2 y - c_3 f \\ \alpha & \beta & \gamma \\ 0 & 0 & 1 \end{vmatrix} = \begin{vmatrix} a_1 x + a_2 y - a_3 f & b_1 x + b_2 y - b_3 f \\ \alpha & \beta \end{vmatrix}$$

$$b_{21} = \frac{\partial F_2}{\partial \alpha} = 2\alpha \quad b_{22} = \frac{\partial F_2}{\partial \beta} = 2\beta \quad b_{23} = \frac{\partial F_2}{\partial \gamma} = 2\gamma \quad b_{31} = \frac{\partial F_3}{\partial \alpha} = X_C - X_L \quad b_{32} = \frac{\partial F_3}{\partial \beta} = Y_C - Y_L$$

$$b_{33} = \frac{\partial F_3}{\partial \gamma} = Z_C - Z_L \quad b_{34} = \frac{\partial F_3}{\partial X_C} = \alpha \quad b_{35} = \frac{\partial F_3}{\partial Y_C} = \beta \quad b_{36} = \frac{\partial F_3}{\partial Z_C} = \gamma$$

从式（4-23）可知，在影像上每量测一个点，只能建立一个附有未知数的条件方程式，另加两个条件方程式。如果有 M 幅影像，每幅影像上量测 N_i 个点（$i=1$，2，…，M），则可列立 $N_1 + N_2 + \cdots + N_M$ 个误差方程式；如果量测的数量点大于未知参数个数，就可以用最小二乘平差迭代求解。其矩阵表示形式是

$$AV + BX + W = 0 \tag{4-24}$$

式中，

$$A = \begin{bmatrix} a_{11} & a_{12} & \cdots & \cdots \\ \cdots & \cdots & a_{23} & a_{24} \\ \cdots & \cdots & \cdots & a_{nn} \end{bmatrix}; \quad B = \begin{bmatrix} b_{11} & b_{12} & b_{13} & b_{14} & b_{15} & b_{16} \\ \cdots & \cdots & \cdots & \cdots & \cdots & \cdots \\ b_{n1} & b_{n2} & \cdots & \cdots & \cdots & b_{n6} \end{bmatrix}; \quad W = \begin{bmatrix} L_1 \\ L_2 \\ L_3 \end{bmatrix}$$

法方程式：

$$\begin{pmatrix} N & B \\ B^T & 0 \end{pmatrix} \begin{pmatrix} K \\ X \end{pmatrix} + \begin{pmatrix} W \\ 0 \end{pmatrix} = 0 \tag{4-25}$$

式中，$N = APA^T$，令

$$\begin{pmatrix} N & B \\ B^T & 0 \end{pmatrix} = \begin{pmatrix} N & B \\ B^T & 0 \end{pmatrix}^{-1} = \begin{pmatrix} Q_{rr} & Q_{rt} \\ Q_{tr} & Q_{tt} \end{pmatrix}$$

所以

$$K = -Q_{rr}W \tag{4-26}$$

$$X = -Q_{tr}W \qquad (4\text{-}27)$$

$$V = P^{-1}A^{\mathrm{T}}K \qquad (4\text{-}28)$$

其误差方程式系数和法方程式系数的表现形式如图 4-6（a）、（b）所示。

根据以上直线特征摄影测量数学模型的推导，本书用立方体模拟物体进行了试验。表 4-1 是用立方体模拟影像验证直线特征的线摄影测量数学模型的试验结果，从表 4-1 的直线参数迭代、收敛结果及所达到的精度可知，以上推导直线特征的线摄影测量的数学模型是正确的，直线特征的六个未知参数只需要 4～5 次迭代就可以收敛。

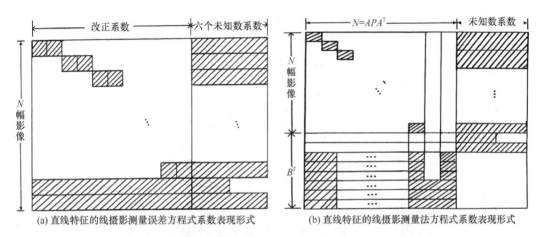

(a) 直线特征的线摄影测量误差方程式系数表现形式　　(b) 直线特征的线摄影测量法方程式系数表现形式

图 4-6　直线特征的线摄影测量误差、法方程式系数表现形式

表 4-1　立方体模拟影像验证直线特征的线摄影测量数学模型的试验结果

参数	X_C	Y_C	Z_C	α	β	γ	t
真值	66.0	120.0	93.0	1.0	0.0	0.0	−1.92
初始值	68.0	122.0	95.0	2.0	2.0	2.0	2.00
第一次迭代	−1.99875	−2.000304	−2.000135	−0.987431	−1.965641	−1.975781	−4.12397
第二次迭代	−0.00139	−0.0001394	0.0001726	−0.0118073	−0.033434	−0.023121	0.20914
第三次迭代	−0.00005	0.0000476	0.0000505	−0.000480	−0.001321	−0.001381	−0.01262
第四次迭代	0.000001	0.000008	0.000006	0.000011	0.000032	0.000308	−0.00094
迭代结果	66.00009	119.99984	93.00004	1.00001	0.00008	0.00003	−1.92799
参数精度	0.00008	0.000305	0.000303	0.000204	0.000041	0.00002	0.000231
单位权中误差			0.0029734				0.0000874

4.2.3　二次曲线特征的线摄影测量数学模型

二次曲线特征主要是指由一类规则曲线如圆、椭圆和规则曲面如圆球、圆柱通过透视成像后在影像上形成的特征。下面我们以球为例说明如何用线摄影测量对二次曲线（面）进行量测。

设描述体素球的坐标系就是参考坐标系，在圆球投影的左影像特征上任取一点 m，则圆球表面上必有一点 M 与之对应（图 4-7），m、M 除满足共线方程外，M 点还满足球的解析方程。设球的方程式为

$$\begin{cases} X_{\text{sph}} = R\sin\varphi\cos\theta \\ Y_{\text{sph}} = R\sin\varphi\sin\theta \\ Z_{\text{sph}} = R\cos\varphi \end{cases} \tag{4-29}$$

式中，R 为圆球半径；θ、φ 为角度参数（图 4-7）。

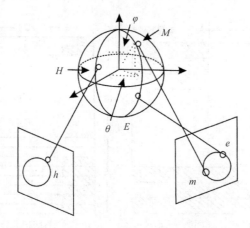

图 4-7 二次曲线特征的线摄影测量

根据式（4-6），可列出下列观测方程式。

左影像：

$$\begin{cases} x_m - x_o = -f\dfrac{a_1(X_{\text{sph}} - X_s) + b_1(Y_{\text{sph}} - Y_s) + c_1(Z_{\text{sph}} - Z_s)}{a_3(X_{\text{sph}} - X_s) + b_3(Y_{\text{sph}} - Y_s) + c_3(Z_{\text{sph}} - Z_s)} = -F^x \\[4mm] y_m - y_o = -f\dfrac{a_2(X_{\text{sph}} - X_s) + b_2(Y_{\text{sph}} - Y_s) + c_2(Z_{\text{sph}} - Z_s)}{a_3(X_{\text{sph}} - X_s) + b_3(Y_{\text{sph}} - Y_s) + c_3(Z_{\text{sph}} - Z_s)} = -F^y \end{cases} \tag{4-30}$$

将式（4-30）线性化，并化为误差方程式：

$$\begin{cases} V_x = a_{11}\mathrm{d}R + a_{12}\mathrm{d}\theta + a_{13}\mathrm{d}\varphi - l_x \\ V_y = a_{21}\mathrm{d}R + a_{22}\mathrm{d}\theta + a_{23}\mathrm{d}\varphi - l_y \end{cases} \tag{4-31}$$

式中，

$$a_{11} = \frac{\partial F^x}{\partial X_{\text{sph}}}\frac{\partial X_{\text{sph}}}{\partial R} + \frac{\partial F^x}{\partial Y_{\text{sph}}}\frac{\partial Y_{\text{sph}}}{\partial R} + \frac{\partial F^x}{\partial Z_{\text{sph}}}\frac{\partial Z_{\text{sph}}}{\partial R}$$

$$a_{12} = \frac{\partial F^x}{\partial X_{\text{sph}}}\frac{\partial X_{\text{sph}}}{\partial \theta} + \frac{\partial F^x}{\partial Y_{\text{sph}}}\frac{\partial Y_{\text{sph}}}{\partial \theta} + \frac{\partial F^x}{\partial Z_{\text{sph}}}\frac{\partial Z_{\text{sph}}}{\partial \theta}$$

$$a_{13} = \frac{\partial F^x}{\partial X_{\text{sph}}}\frac{\partial X_{\text{sph}}}{\partial \varphi} + \frac{\partial F^x}{\partial Y_{\text{sph}}}\frac{\partial Y_{\text{sph}}}{\partial \varphi} + \frac{\partial F^x}{\partial Z_{\text{sph}}}\frac{\partial Z_{\text{sph}}}{\partial \varphi}$$

$$a_{21} = \frac{\partial F^y}{\partial X_{\text{sph}}}\frac{\partial X_{\text{sph}}}{\partial R} + \frac{\partial F^y}{\partial Y_{\text{sph}}}\frac{\partial Y_{\text{sph}}}{\partial R} + \frac{\partial F^y}{\partial Z_{\text{sph}}}\frac{\partial Z_{\text{sph}}}{\partial R}$$

$$a_{22} = \frac{\partial F^y}{\partial X_{\text{sph}}}\frac{\partial X_{\text{sph}}}{\partial \theta} + \frac{\partial F^y}{\partial Y_{\text{sph}}}\frac{\partial Y_{\text{sph}}}{\partial \theta} + \frac{\partial F^y}{\partial Z_{\text{sph}}}\frac{\partial Z_{\text{sph}}}{\partial \theta}$$

$$a_{23} = \frac{\partial F^y}{\partial X_{\text{sph}}}\frac{\partial X_{\text{sph}}}{\partial \varphi} + \frac{\partial F^y}{\partial Y_{\text{sph}}}\frac{\partial Y_{\text{sph}}}{\partial \varphi} + \frac{\partial F^y}{\partial Z_{\text{sph}}}\frac{\partial Z_{\text{sph}}}{\partial \varphi}$$

$$l_x = F^x_{(0)} + x(0) + \Delta X_s \quad l_y = F^y_{(0)} + y(0) + \Delta Y_S$$

从式（4-31）可以看出，半径 R 是固定参数，φ、θ 是随量测点而变的参数。如果在同一特征线上再量测一点 e，则球面上 E 与 e 对应，假设 E 点与 M 点同处在球的同一半球上，E 点与 M 点 θ 角相同，φ 角不同（图4-8）。也就是说，在同半球上每量测一个点，只增加一个未知参数 φ。但如果在右影像的同半球的特征线上再量测一点，就会出现与左影像相类似的情况。因此如果在同一半球上量测影像点，当增加影像数目时，只能增加未知参数 φ 的个数；当增加量测点数时，只能增加未知参数 θ 的个数。如果共有 M 幅影像，在同半球上，每幅影像量测点数为 N_i（$i=1$，2，…，M），则未知参数为 $M+N_1+N_2+\cdots+N_M+1$，观测方程式为 $2\times(N_1+N_2+\cdots+N_M)$。只要条件不等式 $2\times(N_1+N_2+\cdots+N_M)>M+N_1+N_2+\cdots+N_M+1$ 成立，就可以用最小二乘平差方法求尺寸元素 R。因此，对于 M 幅影像，每幅影像上量测 N_i（$i=1$，2，…，M）个点，其平差的数学模型为

$$\underset{2N_M\times 1}{V} = \underset{2N_M\times(N_M+1+N_M)}{A} \cdot \underset{(N_M+1+N_M)\times 1}{X} - \underset{2N_M\times 1}{L} \tag{4-32}$$

$$\underset{(N_M+1+N_M)\times(N_M+N_M+1)}{N} \cdot \underset{(N_M+1+N_M)\times 1}{X} = \underset{(N_M+1+N_M)\times 2N_M}{A^{\text{T}}} \underset{2N_M\times 2N_M}{P} \underset{2N_M\times 1}{L} \tag{4-33}$$

$$\hat{X} = N^{-1}A^{\text{T}}PL \tag{4-34}$$

式中，$N=A^{\text{T}}PA$。其误差方程式及法方程式系数见图4-9、图4-10。

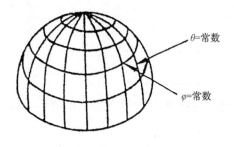

图4-8　曲线参数

根据以上二次曲线线摄影测量数学模型的推导，本书用圆球体模拟物体进行了实验。表 4-2 是用圆球的模拟影像验证二次曲线线摄影测量数学模型的实验结果，从其中半径参数 R 和角度参数的迭代收敛结果及所达到的精度可知，以上推导的二次曲线特征的线摄影测量数学模型是正确的。而且表 4-2 中还反映了半径和角度参数的收敛速度是不一致的。半径 R 的收敛速度很快，角度的收敛速度较慢。其中的初始值都是用 4.3 节提出的方法计算的，从这些参数的收敛结果及所达到的精度可知，用 4.3 节提出的确定二次曲线参数初始值的计算方法是正确的（见 4.4 节）。

表 4-3、表 4-4 是不同的半径初始值和角度初始值其收敛范围情况。图 4-11、图 4-12 是对应的初始值收敛迭代情况。从中我们可以看出，半径参数 R 的收敛半径很大，角度参数收敛半径很小，这种结论对于二次曲线初始值确定非常重要（见第 4.4 节），而且半径 R 的初始值与 CAD 系统中体素的一元运算缩小、放大有关，它对复杂零件的量测与重建的数学模型研究非常有用（见 4.3 节）。

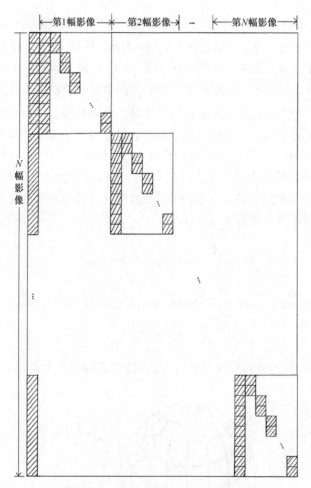

图 4-9　二次曲线特征的线摄影测量误差方程式系数

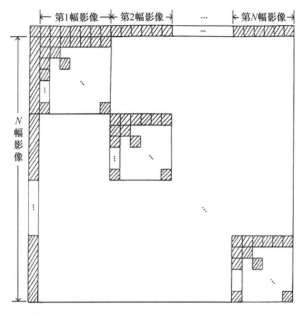

图 4-10 二次曲线特征的线摄影测量法方程式系数

表 4-2 使用圆球的模拟影像验证二次曲线线摄影测量数学模型的实验结果

参数	半径 R/mm	θ_1 /(°)	φ_1 /(°)	φ_2 /(°)	φ_3 /(°)	θ_1' /(°)	φ_1' /(°)	φ_2' /(°)	φ_3' /(°)
真值	8000.0	90.0	90.0	180.0	0.0	120.0	90.0	180.0	0.0
初始值	−100.01043	90.536	90.997	179.8911	1.1361	120.431	90.033	179.456	0.603
第一次迭代	0.00881	−0.33651	−0.63241	0.0743	−0.4374	−0.2007	−0.016	0.2738	−0.3120
第二次迭代	0.000434	−0.18313	−0.20942	0.0106	−0.2949	−0.1702	−0.010	0.1579	−0.1810
第三次迭代	0.00004	−0.010920	−0.10971	0.00841	−0.1865	−0.03856	−0.005	0.0806	−0.0930
第四次迭代		−0.004317	−0.03896	0.00693	−0.1338	−0.01874	−0.001	0.0284	−0.0160
第五次迭代		−0.001101	−0.00321	0.00472	−0.0627	−0.00389	−0.0004	0.0024	−0.00030
迭代结果	7999.99906	89.999636	90.000024	180.0006	0.00886	119.996966	90.00008	179.999825	0.000174
参数精度	0.000959	0.00018	0.00009	0.00013	0.00017	0.00013	0.00007	0.00007	0.00011
单位权中误差					0.002456				

表 4-3 相同半径初始值下的收敛范围情况

真值/(°)			90.00		
初始范围/(°)	←89	89.5	90.1	90.5	91→
收敛情况/次	8 次以上	6	5	7	8 次以上

表 4-4 相同角度初始值下的收敛范围情况

真值/mm		40	
初始值范围/mm	0~310		310→0
收敛情况	收敛		发散

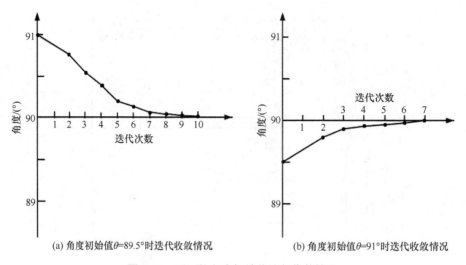

(a) 角度初始值θ=89.5°时迭代收敛情况   (b) 角度初始值θ=91°时迭代收敛情况

图 4-11　不同的角度初始值迭代收敛情况

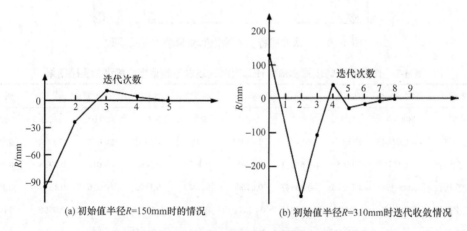

(a) 初始值半径R=150mm时的情况   (b) 初始值半径R=310mm时迭代收敛情况

图 4-12　半径不同的初始值迭代收敛情况

4.2.4　相交线特征的线摄影测量数学模型

相交线特征是空间曲面与曲面相交在影像上形成的。我们以平面与圆柱相交为例说明如何用线摄影测量来量测与重建这类线特征。设描述圆柱、平面的参数方程有下面几个。

圆柱：

$$\begin{cases} X = R\cos\theta \\ Y = R\sin\theta \\ Z = t \end{cases} \tag{4-35}$$

平面：

$$AX + BY + CZ + D = 0 \tag{4-36}$$

式中，A、B、C 为平面法向量分量；D 为常数。

则相交线的参数方程为

$$
\begin{cases}
X = R\cos\theta \\
Y = R\sin\theta \\
Z = A'R\cos\theta + B'R\sin\theta + D'
\end{cases}
\tag{4-37}
$$

式中，R 为圆柱半径；θ 为参数；$A' = -A/C$；$B' = -B/C$；$D' = -D/C$。

如果在左影像上量测一点 h（图 4-13），用类似方法列观测方程式。

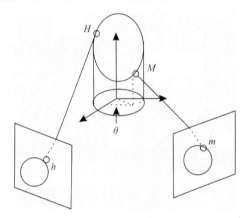

图 4-13　相交线特征的线摄影测量

左影像：

$$
\begin{cases}
x_h - x_o = -f\dfrac{a_1(X_H - X_S) + b_1(Y_H - Y_S) + c_1(Z_H - Z_S)}{a_3(X_H - X_S) + b_3(Y_H - Y_S) + c_3(Z_H - Z_S)} \\[3mm]
y_h - y_o = -f\dfrac{a_2(X_H - X_S) + b_2(Y_H - Y_S) + c_2(Z_H - Z_S)}{a_3(X_H - X_S) + b_3(Y_H - Y_S) + c_3(Z_H - Z_S)}
\end{cases}
\tag{4-38}
$$

$$
\begin{cases}
X_H = R\cos\theta \\
Y_H = R\sin\theta \\
Z_H = A'R\cos\theta + B'R\sin\theta + D'
\end{cases}
\tag{4-39}
$$

将式（4-39）代入式（4-38）并化为误差方程：

$$
\begin{cases}
v_{x_h} = a_{11}\mathrm{d}R + a_{12}\mathrm{d}\theta + a_{13}\mathrm{d}A' + a_{14}\mathrm{d}B' + a_{15}\mathrm{d}D' - l_{x_h} \\
v_{y_h} = a_{21}\mathrm{d}R + a_{22}\mathrm{d}\theta + a_{23}\mathrm{d}A' + a_{24}\mathrm{d}B' + a_{25}\mathrm{d}D' - l_{y_h}
\end{cases}
\tag{4-40}
$$

式中，a_{ij} 为误差方程式系数（$i=1$，2；$j=1$，2，$\cdots$，6）；$\mathrm{d}R, \mathrm{d}\theta, \mathrm{d}A', \mathrm{d}B', \mathrm{d}D'$ 为位置参数；l_{x_h}，l_{y_h} 为常数项。

从式（4-40）可知，不论是左影像还是右影像特征线上，每量测一点，只增加一个未知参数 θ，如果有 M 幅影像，每幅影像上量测点数为 N_i（$i=1$，2，$\cdots$，M），只要满足 $2(N_1+N_2+\cdots+N_M) > 4+N_1+N_2+\cdots+N_M$，即 $N_1+N_2+\cdots+N_M > 4$，就可以按最小二乘平差方法求解未知参数。因此对于 M 幅影像，如果每幅影像上量测 N_i（$i=1$，$\cdots$，M）个点，

则平差的数学模型为

$$V_{2N_M \times 1} = A_{2N_M \times (4+N_M)} \cdot X_{(4+N_M) \times 1} - L_{2N_M \times 1} \tag{4-41}$$

$$N_{(N_M+4) \times (N_M+4)} \cdot X_{(N_M+4) \times 1} = A^T_{(4+N_M) \times 2N_M} \cdot P_{2N_M \times 2N_M} \cdot L_{2N_M \times 1} \tag{4-42}$$

$$\hat{X} = N^{-1} A^T PL \tag{4-43}$$

式中，$N = A^T PA$。其误差方程式系数及法方程式系数表现形式见图 4-14 和图 4-15。

根据上述对相交线线摄影测量公式的推导，本书用平面与圆柱相交模拟相交线进行了实验。表 4-5 是用平面与圆柱相交的模拟影像验证相交线线摄影测量数学模型的试验结果，从估计参数的迭代，收敛结果及所达到的精度可知，上述相交线线摄影测量的数学模型是正确的。其中的初始值确定是根据 4.4 节提出的方法确定的，从表 4-5 中提供的初始值计算出来的估计参数及所达到的精度可知，用 4.4 节提出的确定相交线特征初始值方法是正确的（见 4.4 节）。

4.2.5 自由曲线特征的线摄影测量数学模型

自由曲线是指像 Hermite 样条曲线、Bezier 曲线和 B 样条曲线等这类用参数表示的

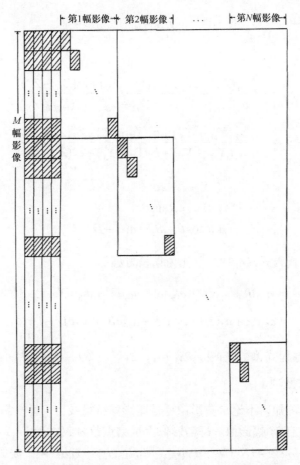

图 4-14 相交线特征的线摄影测量误差方程式系数表现形式

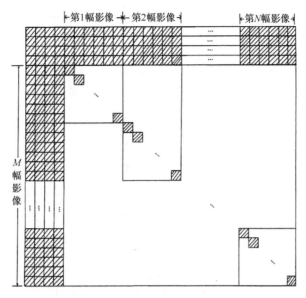

图 4-15　相交线特征的线摄影测量法方程式系数表现形式

表 4-5　平面与圆柱相交的模拟影像验证相交线线摄影测量数学模型的试验结果

参数	半径 R/mm	A'	B'	D'	$\theta_1 /$ （°）
真值	8000.00	−0.500	−0.500	1000.00	90.00
初始值	8100.00	−0.360	−0.360	1000.00	90.027
第一次迭代	−100.8344	−0.1018	−0.1031	0.8632	−0.0067
第二次迭代	0.6783	−0.0326	−0.0313	−0.6573	−0.00018
第三次迭代	0.1366	−0.0043	−0.0048	−0.1108	−0.00001
第四次迭代	0.0581	−0.0014	−0.0017	−0.0046	−0.0001
迭代结果	8000.078	−0.500130	−0.500964	1000.0907	90.02296
参数精度	0.0312	0.00156	0.00156	0.00152	0.00017
单位权中误差			0.00697		

样条曲线。研究和分析自由曲线线摄影测量数学模型的目的是想借助于孔斯（Coons）曲面造型思想来量测与重建诸如 Hermite 样条曲面（是孔斯曲面片的一种形式）、Bezier 曲面和 B 样条曲面等这类双参数曲面。根据孔斯曲面造型思想，这类曲面片是由其四条边界决定的。但是为了曲面片之间互相衔接，曲面片四个角点的切矢及扭矢还有规定。所以必须先分析决定曲面片的参数与对应的决定四条边界的参数之间的关系。这里以 Hermite 样条曲面与对应的 Hermite 样条曲线为例进行说明。

设 Hermite 样条曲面的参数方程为

$$\begin{cases} x(s,t) = SM_h A_x M_h^{\mathrm{T}} T^{\mathrm{T}} \\ y(s,t) = SM_h A_y M_h^{\mathrm{T}} T^{\mathrm{T}} \\ z(s,t) = SM_h A_z M_h^{\mathrm{T}} T^{\mathrm{T}} \end{cases} \tag{4-44}$$

式中，

$$M_h = \begin{bmatrix} 2 & -2 & 1 & 1 \\ -3 & 3 & -2 & -1 \\ 0 & 0 & 1 & 0 \\ 1 & 0 & 0 & 0 \end{bmatrix}$$

$$A_x = \begin{bmatrix} x_{00} & x_{00} & \dfrac{\partial x}{\partial t_{00}} & \dfrac{\partial x}{\partial t_{01}} \\[3mm] x_{10} & x_{11} & \dfrac{\partial x}{\partial t_{10}} & \dfrac{\partial x}{\partial t_{11}} \\[3mm] \dfrac{\partial x}{\partial s_{00}} & \dfrac{\partial x}{\partial s_{01}} & \dfrac{\partial^2 x}{\partial s \partial t_{00}} & \dfrac{\partial^2 x}{\partial s \partial t_{01}} \\[3mm] \dfrac{\partial x}{\partial s_{10}} & \dfrac{\partial x}{\partial s_{11}} & \dfrac{\partial^2 x}{\partial s \partial t_{10}} & \dfrac{\partial^2 x}{\partial s \partial t_{11}} \end{bmatrix}$$

$$A_y = \begin{bmatrix} y_{00} & y_{00} & \dfrac{\partial y}{\partial t_{00}} & \dfrac{\partial y}{\partial t_{01}} \\[3mm] y_{10} & y_{11} & \dfrac{\partial y}{\partial t_{10}} & \dfrac{\partial y}{\partial t_{11}} \\[3mm] \dfrac{\partial y}{\partial s_{00}} & \dfrac{\partial y}{\partial s_{01}} & \dfrac{\partial^2 y}{\partial s \partial t_{00}} & \dfrac{\partial^2 y}{\partial s \partial t_{01}} \\[3mm] \dfrac{\partial y}{\partial s_{10}} & \dfrac{\partial y}{\partial s_{11}} & \dfrac{\partial^2 y}{\partial s \partial t_{10}} & \dfrac{\partial^2 y}{\partial s \partial t_{11}} \end{bmatrix}$$

$$A_z = \begin{bmatrix} z_{00} & z_{00} & \dfrac{\partial z}{\partial t_{00}} & \dfrac{\partial z}{\partial t_{01}} \\[3mm] z_{10} & z_{11} & \dfrac{\partial z}{\partial t_{10}} & \dfrac{\partial z}{\partial t_{11}} \\[3mm] \dfrac{\partial z}{\partial s_{00}} & \dfrac{\partial z}{\partial s_{01}} & \dfrac{\partial^2 z}{\partial s \partial t_{00}} & \dfrac{\partial^2 z}{\partial s \partial t_{01}} \\[3mm] \dfrac{\partial z}{\partial s_{10}} & \dfrac{\partial z}{\partial s_{11}} & \dfrac{\partial^2 z}{\partial s \partial t_{10}} & \dfrac{\partial^2 z}{\partial s \partial t_{11}} \end{bmatrix}$$

矩阵 A_x，A_y 和 A_z 的左上角元素为曲面片上四个角点的坐标；右上角、左下角元素分别为每个角点在沿 t 和 s 方向的切矢量；右下角元素为四个角点的扭矢，它的数值越大，曲面片在这个角扭曲的程度也越大。

根据上面的参数方程知道，确定这一个曲面片需要求解 48 个参数，如果直接求解这些参数，必定给求解过程带来很大困难。为此，根据孔斯曲面造型思想，我们先考虑

决定此曲面片的四条边界。由文献（应道宁，1990）可知，在该曲面片中，其中一条 Hermite 曲线可表示为

$$
\begin{cases}
x(t) = a_x t^3 + b_x t^2 + c_x t + d_x \\
y(t) = a_y t^3 + b_y t^2 + c_y t + d_y \\
z(t) = a_z t^3 + b_z t^2 + c_z t + d_z
\end{cases}
\tag{4-45}
$$

式（4-45）意味着在曲面片上，当 $s=0$，$0 \leqslant t \leqslant 1$ 时，对应为 Hermite 样条曲线。因此，我们得到：

$$
x_{(0)} = x_{00} = \mathrm{d}x
$$

$$
y_{(0)} = y_{00} = \mathrm{d}y
$$

$$
z_{(0)} = z_{00} = \mathrm{d}z
$$

$$
\frac{\partial x}{\partial t}\Big|_{t=0} = \frac{\partial x}{\partial t_{00}} = c_x
$$

$$
\frac{\partial x}{\partial t}\Big|_{t=1} = \frac{\partial x}{\partial t_{01}} = a_x + b_x + c_x
$$

$$
\frac{\partial y}{\partial t}\Big|_{t=0} = \frac{\partial y}{\partial t_{00}} = c_y
$$

$$
\frac{\partial y}{\partial t}\Big|_{t=1} = \frac{\partial y}{\partial t_{01}} = a_y + b_y + c_y
$$

$$
\frac{\partial z}{\partial t}\Big|_{t=0} = \frac{\partial z}{\partial t_{00}} = c_z
$$

$$
\frac{\partial z}{\partial t}\Big|_{t=1} = \frac{\partial z}{\partial t_{01}} = a_z + b_z + c_z
$$

类似地，可求出决定曲面片的其他参数与边界如 $s=1$, $0 \leqslant t \leqslant 1$; $t=0$, $0 \leqslant s \leqslant 1$ 和 $t=1$, $0 \leqslant s \leqslant 1$ 的 Hermite 曲线参数之间的关系。

从上面 Hermite 样条曲面与四条 Hermite 样条曲线的四条边界的关系，我们可知，用线摄影测量来量测与重建 Hermite 曲面可分两步。第一步先求出决定 Hermite 曲面片的四条 Hermite 边界曲线的参数。也就是说先求出决定 Hermite 曲面片中 A_x，A_y，A_z 矩阵的左上角、右上角和左下角的 36 个参数。这 36 个参数分别从四条 Hermite 边界曲线求出。第二步求出决定 Hermite 曲面片中 A_x、A_y、A_z 矩阵右下角的 12 个扭矢参数。这里以 Hermite 曲线为例说明其线摄影测量数学模型。

设 Hermite 自由曲线经透视成像在左、右影像上形成线特征，如图 4-16 所示，在左

影像的线特征上任意取一点 m，则在空间 Hermite 曲线上必有一点 M 与之对应，mM 除满足共线方程外，M 点还满足 Hermite 曲线的参数方程，即

$$\begin{cases} x_m - x_o = -f\dfrac{a_1(X_M - X_s) + b_1(Y_M - Y_s) + c_1(Z_M - Z_s)}{a_3(X_M - X_s) + b_3(Y_M - Y_s) + c_3(Z_M - Z_s)} = -F^x \\[4mm] y_m - y_o = -f\dfrac{a_2(X_M - X_s) + b_2(Y_M - Y_s) + c_2(Z_M - Z_s)}{a_3(X_M - X_s) + b_3(Y_M - Y_s) + c_3(Z_M - Z_s)} = -F^y \end{cases} \tag{4-46}$$

$$\begin{cases} X_M = a_x t^3 + b_x t^2 + c_x t + d_x \\ Y_M = a_y t^3 + b_y t^2 + c_y t + d_y \\ Z_M = a_z t^3 + b_z t^2 + c_z t + d_z \end{cases} \tag{4-47}$$

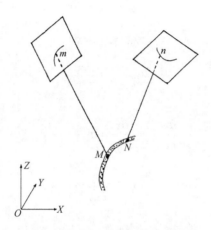

图 4-16　自由曲线特征的线摄影测量

将式（4-47）代入式（4-46），并化为误差方程，得

$$\begin{cases} v_{xm} = a_{11}da_x + a_{12}db_x + a_{13}dc_x + a_{14}dd_x + a_{15}da_y + a_{16}db_y \\ \qquad + a_{17}dc_y + a_{18}dd_y + a_{19}da_z + a_{110}db_z + a_{111}dc_z + a_{112}dd_z + a_{113}dt - l_x \\ v_{ym} = a_{21}da_x + a_{22}db_x + a_{23}dc_x + a_{24}dd_x + a_{25}da_y + a_{26}db_y \\ \qquad + a_{27}dc_y + a_{28}dd_y + a_{29}da_z + a_{210}db_z + a_{211}dc_z + a_{212}dd_z + a_{213}dt - l_y \end{cases} \tag{4-48}$$

其中，

$$a_{11} = \frac{\partial F^x}{\partial X_M} \cdot \frac{\partial X_M}{\partial a_x} = -\frac{t^3}{\overline{Z}}\left\{a_1 f + a_3(x_m - x_0)\right\}$$

$$a_{12} = \frac{\partial F^x}{\partial X_M} \cdot \frac{\partial X_M}{\partial b_x} = -\frac{t^2}{\overline{Z}}\left\{a_1 f + a_3(x_m - x_0)\right\}$$

$$a_{13} = \frac{\partial F^x}{\partial X_M} \cdot \frac{\partial X_M}{\partial c_x} = -\frac{t}{\overline{Z}}\left\{a_1 f + a_3(x_m - x_0)\right\}$$

$$\vdots$$

$$a_{112} = \frac{\partial F^x}{\partial X_M} \cdot \frac{\partial X_M}{\partial d_z} = -\frac{1}{\overline{Z}}\{a_1 f + a_3 (x_m - x_0)\}$$

$$a_{113} = \frac{\partial F^x}{\partial X_M} \cdot \frac{\partial X_M}{\partial t} + \frac{\partial F^x}{\partial Y_M} \cdot \frac{\partial Y_M}{\partial t} + \frac{\partial F^x}{\partial Z_M} \cdot \frac{\partial Z_M}{\partial t}$$

$$= \frac{-1}{\overline{Z}}\{a_1 f + a_3 (x_m - x_0)\} \cdot (3t^2 a_x + 2t^2 b_x + c_x)$$

$$- \frac{1}{\overline{Z}}\{b_1 f + b_3 (x - x_0)\} \cdot (3t^2 a_y + 2t^2 b_y + c_y)$$

$$- \frac{1}{\overline{Z}}\{c_1 f + c_3 (x - x_0)\} \cdot (3t^2 a_z + 2t^2 b_z + c_z)$$

$$a_{21} = -\frac{t^3}{\overline{Z}}\{a_2 f + a_3 (y_m - y_0)\}$$

$$\vdots$$

$$a_{213} = \frac{\partial F^y}{\partial X_M} \cdot \frac{\partial X_M}{\partial t} + \frac{\partial F^y}{\partial Y_M} \cdot \frac{\partial Y_M}{\partial t} + \frac{\partial F^y}{\partial Z_M} \cdot \frac{\partial Z_M}{\partial t}$$

同样地，如果在右影像特征线上量测一点 n（与 m 不一定是同名点），则空间 Hermite 曲线上必有一点 N 与之对应。类似地，我们可列出误差方程式：

$$\begin{cases} v_{xn} = a'_{11}\mathrm{d}a_x + a'_{12}\mathrm{d}b_x + a'_{13}\mathrm{d}c_x + a'_{14}\mathrm{d}d_x + a'_{15}\mathrm{d}a_y + a'_{16}\mathrm{d}b_y + a'_{17}\mathrm{d}c_y + a'_{18}\mathrm{d}d_y \\ \qquad + a'_{19}\mathrm{d}a_z + a'_{110}\mathrm{d}b_z + a'_{111}\mathrm{d}c_z + a'_{112}\mathrm{d}d_z + a'_{113}\mathrm{d}t - l'_x \\ v_{ym} = a'_{21}\mathrm{d}a_x + a'_{22}\mathrm{d}b_x + a'_{23}\mathrm{d}c_x + a'_{24}\mathrm{d}d_x + a'_{25}\mathrm{d}a_y + a'_{26}\mathrm{d}b_y + a'_{27}\mathrm{d}c_y + a'_{28}\mathrm{d}d_y \\ \qquad + a'_{29}\mathrm{d}a_z + a'_{210}\mathrm{d}b_z + a'_{211}\mathrm{d}c_z + a'_{212}\mathrm{d}d_z + a'_{213}\mathrm{d}t - l'_y \end{cases} \qquad (4\text{-}49)$$

从式（4-48）、式（4-49）可知，无论是左影像还是右影像特征线上，每量测一点，只增加一个未知参数 t，如果有 M 幅影像，每幅影像上量测点数为 N_i（$i = 1, \cdots, M$），只要条件不等式 $2(N_1 + N_2 + \cdots + N_M) > 12 + N_1 + N_2 + \cdots + N_M$，即 $N_1 + N_2 + \cdots + N_M > 12$ 成立，就可以按最小二乘方法迭代求解。因此，对于 M 幅影像，如果每幅影像上量测 N_i（$i = 1, \cdots, M$）个点，则平差的数学模型为

$$\begin{cases} \underset{2N_M \times 1}{V} = \underset{2N_M \times (12+N_M)}{A} \cdot \underset{(12+N_M) \times 1}{X} - \underset{2N_M \times 1}{L} \\ \qquad \hat{X} = N^{-1} A^{\mathrm{T}} PL \end{cases} \qquad (4\text{-}50)$$

式中，

$$N^{-1} = A^{\mathrm{T}} PA$$

以上的计算步骤是以求 Hermite 曲面片的一条边界曲线（$S=0$，$0 \leqslant t \leqslant 1$）参数为例，说明其求解过程。类似地，可求出 Hermite 曲面片其他三条边界曲线（$s=1$，$0 \leqslant t \leqslant 1$；$t=0$，

$0 \leqslant s \leqslant 1$；$t=1$，$0 \leqslant s \leqslant 1$）的参数。通过已求出的参数，计算 Hermite 曲面片中矩阵 A_x，A_y，A_z 的左上角、左下角、右上角中 36 个参数。将这些参数作为已知值，来求矩阵 A_x，A_y，A_z 中的扭矢。其求解过程和讨论如下。

在角点信息矩阵 A_x，A_y，A_z 中，四条边界的位置及形状完全决定于左上角、左下角和右上角这三块元素。右下角是角点扭矢，与曲面边界的形状无关。调整扭矢参数只能使曲面内部的形状发生变化。因此在求解扭矢参数时，s 和 t 都发生变化，根据线摄影测量的特点，在影像上每量测一点，只能列立两个误差方程式，同时增加两个未知参数 s 和 t。因此，如果只利用同名区域而不利用同名特征点，无法求解 12 个扭矢参数。也就是说，为了唯一确定 12 个扭矢参数，必须用同名点求解（图 4-17）。

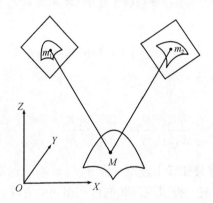

图 4-17　自由曲面特征

设在曲面片的左影像上量测一点 m_1，则空间曲面片上必有一点 M 与之对应，m_1M 除满足共线方程外，M 点还满足 Hermite 曲面片条件，根据式（4-6），可列出以下观测方程式：

$$
\begin{cases}
x_{m_1} - x_0 = -f \dfrac{a_1[x_{m_1}(s,t) - X_s] + b_1[y_{m_1}(s,t) - Y_s] + c_1[z_{m_1}(s,t) - Z_s]}{a_3[x_{m_1}(s,t) - X_s] + b_3[y_{m_1}(s,t) - Y_s] + c_3[z_{m_1}(s,t) - Z_s]} \\[3mm]
y_{m_1} - y_0 = -f \dfrac{a_2[x_{m_1}(s,t) - X_s] + b_2[y_{m_1}(s,t) - Y_s] + c_2[z_{m_1}(s,t) - Z_s]}{a_3[x_{m_1}(s,t) - X_s] + b_3[y_{m_1}(s,t) - Y_s] + c_3[z_{m_1}(s,t) - Z_s]}
\end{cases}
\tag{4-51}
$$

式中，$x_{m_1}(s,t) = SM_h A_x M_h^{\mathrm{T}} T^{\mathrm{T}}$；$y_{m_1}(s,t) = SM_h A_y M_h^{\mathrm{T}} T^{\mathrm{T}}$；$z_{m_1}(s,t) = SM_h A_z M_h^{\mathrm{T}} T^{\mathrm{T}}$。

如果在右影像上量测同名特征点 m_2（与 m_1 是同名特征点），同样可列立观测方程式：

$$
\begin{cases}
x_{m_2} - x_0' = -f' \dfrac{a_1'[x_{m_2}(s,t) - X_s'] + b_1'[y_{m_2}(s,t) - Y_s'] + c_1'[z_{m_2}(s,t) - Z_s']}{a_3'[x_{m_2}(s,t) - X_s'] + b_3'[y_{m_2}(s,t) - Y_s'] + c_3'[z_{m_2}(s,t) - Z_s']} \\[3mm]
y_{m_2} - y_0' = -f' \dfrac{a_2'[x_{m_2}(s,t) - X_s'] + b_2'[y_{m_2}(s,t) - Y_s'] + c_2'[z_{m_2}(s,t) - Z_s']}{a_3'[x_{m_2}(s,t) - X_s'] + b_3'[y_{m_2}(s,t) - Y_s'] + c_3'[z_{m_2}(s,t) - Z_s']}
\end{cases}
\tag{4-52}
$$

式中，$x_{m_2}(s,t) = SM_h A_x M_h^T T^T$ ；$y_{m_2}(s,t) = SM_h A_y M_h^T T^T$ ；$z_{m_2}(s,t) = SM_h A_z M_h^T T^T$ 。

从式（4-51）、式（4-52）可知，四个观测方程式有 12 个固定参数，另外，每量测一对同名点，可列立四个观测方程式，增加两个未知数（s，t）。如果有 M 幅影像，每幅影像上量测 N 个点，只要条件不等式 $2NM > M+12$，就可以按最小二乘法迭代方法求解未知参数。因此，对于 M 幅影像，如果每幅影像上量测 N 个点，则平差的数学模型为

$$\underset{2NM}{V} = \underset{2NM \times (12+2N)}{A} \cdot \underset{(12+2N) \times 1}{X} - \underset{2NM \times 1}{L} \tag{4-53}$$

$$\hat{X} = N^{-1} A^T PL \tag{4-54}$$

式中，$N^{-1} = A^T PA$ 。

4.3 线摄影测量对复杂工业零件量测的数学模型

上一节描述了单个体素量测与重建的数学模型和它们的计算步骤，它假定了描述体素几何元素的体素坐标系与确定摄影机内、外方位元素的坐标系是一致的。实际上，一个复杂的工业零件是由若干个体素通过布尔操作拼合而成，且描述体素几何元素（几何尺寸）的体素坐标系与确定摄影机内、外方位元素位置信息（位置尺寸）的坐标系是不一致的，因此，我们必须扩展上述模型以适应复杂工业零件的量测需要。

由于我们假定摄影机相对于模型坐标系（参考坐标系）的内、外方位元素已知，而用线摄影测量量测工业零件是以体素为单元的，因此，涉及体素坐标系与模型坐标系之间的换算。在 CAD 系统，体素在进行布尔操作前要对体素作一元操作，如旋转、平移和比例变换。比例变换不涉及量测问题，因此只讨论平移和旋转。一般来说，CAD 系统中，体素坐标系相对于模型坐标的变换（体素的一元运算）主要有三种情况：①体素坐标系相对于模型坐标系只存在相对位置变换，坐标轴方向一致（体素只存在平移变换）；②体素坐标系相对于模型坐标系只存在旋转变换，原点不变（体素只存在旋转变换）；③体素坐标系相对于模型坐标系除平移外，还存在着旋转变换（体素存在平移、旋转变换）。前两种情况是后一种情况的特例，下面将详细描述。

4.3.1 体素坐标系与模型坐标系同时存在平移、旋转变换的线摄影测量数学模型

对于如图 4-18 所示的工业物体，圆柱 A 和圆柱 B 以一定的角度 θ 相贯，描述圆柱 A 所用的坐标系为 $O\text{-}XYZ$，描述圆柱 B 所用坐标系为 $o\text{-}xyz$。

设 $O\text{-}XYZ$ 坐标系就是模型坐标系，坐标系 $o\text{-}xyz$ 相对于模型坐标系存在下列相似变换：

$$\begin{bmatrix} X \\ Y \\ Z \end{bmatrix} = \begin{bmatrix} X_0 \\ Y_0 \\ Z_0 \end{bmatrix} + R \begin{bmatrix} x \\ y \\ z \end{bmatrix} \tag{4-55}$$

式中，X，Y，Z 为体素（圆柱 B）某点的坐标对应在模型坐标系（圆柱 A）内坐标；X_0，Y_0，Z_0 为体素坐标系（圆柱 B）原点在模型坐标系（圆柱 A）的坐标；x，y，z 为体素坐

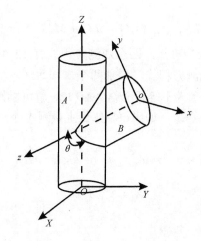

图 4-18　体素坐标系与模型坐标系同时存在平移、旋转变换

标系中体素上某点的坐标；R 为体素坐标系相对于模型坐标系的旋转矩阵，其分量形式为

$$R = \begin{bmatrix} A_1 & A_2 & A_3 \\ B_1 & B_2 & B_3 \\ C_1 & C_2 & C_3 \end{bmatrix} \tag{4-56}$$

如果在体素坐标系中，描述体素的参数方程为

$$x = x(s) \tag{4-57}$$

$$y = y(s) \tag{4-58}$$

$$z = z(s) \tag{4-59}$$

则描述体素的参数方程在模型坐标系中可表示为

$$\begin{bmatrix} X \\ Y \\ Z \end{bmatrix} = \begin{bmatrix} X_0 \\ Y_0 \\ Z_0 \end{bmatrix} + R \begin{bmatrix} x(s) \\ y(s) \\ z(s) \end{bmatrix}$$

$$= \begin{bmatrix} X_0 \\ Y_0 \\ Z_0 \end{bmatrix} + \begin{bmatrix} A_1 & A_2 & A_3 \\ B_1 & B_2 & B_3 \\ C_1 & C_2 & C_3 \end{bmatrix} \begin{bmatrix} x(s) \\ y(s) \\ z(s) \end{bmatrix} \tag{4-60}$$

式中，A_i，B_i，C_i（$i=1$，2，3）为体素坐标系相对于模型坐标系旋转角 Φ，Ω，K 的函数。

将式（4-60）展开成分量形式：

$$X = X_0 + A_1 x(s) + A_2 y(s) + A_3 z(s) \tag{4-61}$$

$$Y = Y_0 + B_1 x(s) + B_2 y(s) + B_3 z(s) \tag{4-62}$$

$$Z = Z_0 + C_1 x(s) + C_2 y(s) + C_3 z(s) \tag{4-63}$$

如果在体素 B 的特征线上观测某点，则根据式（4-6）同样得观测方程式：

$$x - x_0 = -f \frac{a_1[X_0 + A_1 x(s) + A_2 y(s) + A_3 z(s) - X_s] + b_1[Y_0 + B_1 x(s) + B_2 y(s) + B_3 z(s) - Y_s] + c_1[Z_0 + C_1 x(s) + C_2 y(s) + C_3 z(s) - Z_s]}{a_3[X_0 + A_1 x(s) + A_2 y(s) + A_3 z(s) - X_s] + b_3[Y_0 + B_1 x(s) + B_2 y(s) + B_3 z(s) - Y_s] + c_3[Z_0 + C_1 x(s) + C_2 y(s) + C_3 z(s) - Z_s]}$$

$$y - y_0 = -f \frac{a_2[X_0 + A_1 x(s) + A_2 y(s) + A_3 z(s) - X_s] + b_2[Y_0 + B_1 x(s) + B_2 y(s) + B_3 z(s) - Y_s] + c_2[Z_0 + C_1 x(s) + C_2 y(s) + C_3 z(s) - Z_s]}{a_3[X_0 + A_1 x(s) + A_2 y(s) + A_3 z(s) - X_s] + b_3[Y_0 + B_1 x(s) + B_2 y(s) + B_3 z(s) - Y_s] + c_3[Z_0 + C_1 x(s) + C_2 y(s) + C_3 z(s) - Z_s]}$$

将上式线性化，并化为误差方程式：

$$\begin{cases} V_x = a_{11}\mathrm{d}X_0 + a_{12}\mathrm{d}Y_0 + a_{13}\mathrm{d}Z_0 + a_{14}\mathrm{d}\Phi + a_{15}\mathrm{d}\Omega + a_{16}\mathrm{d}K + a_{17}\mathrm{d}s_1 + \cdots + a_{1,t+6}\mathrm{d}s_t - l_x \\ V_y = a_{21}\mathrm{d}X_0 + a_{22}\mathrm{d}Y_0 + a_{23}\mathrm{d}Z_0 + a_{24}\mathrm{d}\Phi + a_{25}\mathrm{d}\Omega + a_{26}\mathrm{d}K + a_{27}\mathrm{d}s_1 + \cdots + a_{2,t+6}\mathrm{d}s_t - l_y \end{cases} \tag{4-64}$$

式中，$\quad a_{11} = \dfrac{\partial F^x}{\partial X_0} \quad a_{21} = \dfrac{\partial F^y}{\partial X_0} \quad a_{12} = \dfrac{\partial F^x}{\partial Y_0} \quad a_{22} = \dfrac{\partial F^y}{\partial Y_0} \quad a_{13} = \dfrac{\partial F^x}{\partial Z_0} \quad a_{23} = \dfrac{\partial F^y}{\partial Z_0}$

$$a_{14} = \frac{\partial F^x}{\partial A_1}\frac{\partial A_1}{\partial \Phi} + \frac{\partial F^x}{\partial A_2}\frac{\partial A_2}{\partial \Phi} + \frac{\partial F^x}{\partial A_3}\frac{\partial A_3}{\partial \Phi} + \frac{\partial F^x}{\partial B_1}\frac{\partial B_1}{\partial \Phi} + \frac{\partial F^x}{\partial B_2}\frac{\partial B_2}{\partial \Phi} + \frac{\partial F^x}{\partial B_3}\frac{\partial B_3}{\partial \Phi} + \frac{\partial F^x}{\partial C_1}\frac{\partial C_1}{\partial \Phi} + \frac{\partial F^x}{\partial C_2}\frac{\partial C_2}{\partial \Phi} + \frac{\partial F^x}{\partial C_3}\frac{\partial C_3}{\partial \Phi}$$

$$a_{15} = \frac{\partial F^x}{\partial A_1}\frac{\partial A_1}{\partial \Omega} + \frac{\partial F^x}{\partial A_2}\frac{\partial A_2}{\partial \Omega} + \frac{\partial F^x}{\partial A_3}\frac{\partial A_3}{\partial \Omega} + \frac{\partial F^x}{\partial B_1}\frac{\partial B_1}{\partial \Omega} + \frac{\partial F^x}{\partial B_2}\frac{\partial B_2}{\partial \Omega} + \frac{\partial F^x}{\partial B_3}\frac{\partial B_3}{\partial \Omega} + \frac{\partial F^x}{\partial C_1}\frac{\partial C_1}{\partial \Omega} + \frac{\partial F^x}{\partial C_2}\frac{\partial C_2}{\partial \Omega} + \frac{\partial F^x}{\partial C_3}\frac{\partial C_3}{\partial \Omega}$$

$$a_{16} = \frac{\partial F^x}{\partial A_1}\frac{\partial A_1}{\partial K} + \frac{\partial F^x}{\partial A_2}\frac{\partial A_2}{\partial K} + \frac{\partial F^x}{\partial A_3}\frac{\partial A_3}{\partial K} + \frac{\partial F^x}{\partial B_1}\frac{\partial B_1}{\partial K} + \frac{\partial F^x}{\partial B_2}\frac{\partial B_2}{\partial K} + \frac{\partial F^x}{\partial B_3}\frac{\partial B_3}{\partial K} + \frac{\partial F^x}{\partial C_1}\frac{\partial C_1}{\partial K} + \frac{\partial F^x}{\partial C_2}\frac{\partial C_2}{\partial K} + \frac{\partial F^x}{\partial C_3}\frac{\partial C_3}{\partial K}$$

$$a_{17} = \frac{\partial F^x}{\partial x(s)}\frac{\partial x(s)}{\partial s_1} + \frac{\partial F^x}{\partial y(s)}\frac{\partial y(s)}{\partial s_1} + \frac{\partial F^x}{\partial x(s)}\frac{\partial z(s)}{\partial s_1}$$

$$\vdots$$

$$a_{1,t+6} = \frac{\partial F^x}{\partial x(s)}\frac{\partial x(s)}{\partial s_t} + \frac{\partial F^x}{\partial y(s)}\frac{\partial y(s)}{\partial s_t} + \frac{\partial F^x}{\partial z(s)}\frac{\partial z(s)}{\partial s_t}$$

$$a_{24} = \frac{\partial F^y}{\partial A_1}\frac{\partial A_1}{\partial \Phi} + \frac{\partial F^y}{\partial A_2}\frac{\partial A_2}{\partial \Phi} + \frac{\partial F^y}{\partial A_3}\frac{\partial A_3}{\partial \Phi} + \frac{\partial F^y}{\partial B_1}\frac{\partial B_1}{\partial \Phi} + \frac{\partial F^y}{\partial B_2}\frac{\partial B_2}{\partial \Phi} + \frac{\partial F^y}{\partial B_3}\frac{\partial B_3}{\partial \Phi} + \frac{\partial F^y}{\partial C_1}\frac{\partial C_1}{\partial \Phi} + \frac{\partial F^y}{\partial C_2}\frac{\partial C_2}{\partial \Phi} + \frac{\partial F^y}{\partial C_3}\frac{\partial C_3}{\partial \Phi}$$

$$a_{25} = \frac{\partial F^y}{\partial A_1}\frac{\partial A_1}{\partial \Omega} + \frac{\partial F^y}{\partial A_2}\frac{\partial A_2}{\partial \Omega} + \frac{\partial F^y}{\partial A_3}\frac{\partial A_3}{\partial \Omega} + \frac{\partial F^y}{\partial B_1}\frac{\partial B_1}{\partial \Omega} + \frac{\partial F^y}{\partial B_2}\frac{\partial B_2}{\partial \Omega} + \frac{\partial F^y}{\partial B_3}\frac{\partial B_3}{\partial \Omega} + \frac{\partial F^y}{\partial C_1}\frac{\partial C_1}{\partial \Omega} + \frac{\partial F^y}{\partial C_2}\frac{\partial C_2}{\partial \Omega} + \frac{\partial F^y}{\partial C_3}\frac{\partial C_3}{\partial \Omega}$$

$$a_{26} = \frac{\partial F^y}{\partial A_1}\frac{\partial A_1}{\partial K} + \frac{\partial F^y}{\partial A_2}\frac{\partial A_2}{\partial K} + \frac{\partial F^y}{\partial A_3}\frac{\partial A_3}{\partial K} + \frac{\partial F^y}{\partial B_1}\frac{\partial B_1}{\partial K} + \frac{\partial F^y}{\partial B_2}\frac{\partial B_2}{\partial K} + \frac{\partial F^y}{\partial B_3}\frac{\partial B_3}{\partial K} + \frac{\partial F^y}{\partial C_1}\frac{\partial C_1}{\partial K} + \frac{\partial F^y}{\partial C_2}\frac{\partial C_2}{\partial K} + \frac{\partial F^y}{\partial C_3}\frac{\partial C_3}{\partial K}$$

$$a_{27} = \frac{\partial F^y}{\partial x(s)}\frac{\partial x(s)}{\partial s_1} + \frac{\partial F^y}{\partial y(s)}\frac{\partial y(s)}{\partial s_1} + \frac{\partial F^y}{\partial z(s)}\frac{\partial z(s)}{\partial s_1}$$

$$\vdots$$

$$a_{2,t+6} = \frac{\partial F^y}{\partial x(s)}\frac{\partial x(s)}{\partial s_t} + \frac{\partial F^y}{\partial y(s)}\frac{\partial y(s)}{\partial s_t} + \frac{\partial F^y}{\partial z(s)}\frac{\partial z(s)}{\partial s_t}$$

以上误差方程式的系数与式（4-8）的系数相比，我们可知其形式是一样的，但式（4-64）多了六个未知数 X_0、Y_0、Z_0、Φ、Ω、K，且误差方程式系数不同。

同样地，如果在左、右同名特征线上分别量测了 N、N' 点（不一定是同名点），则可列出 $2(N+N')$ 个误差方程式，如果条件不等式 $2(N+N') > (T+6)$ 成立，则可按最小二乘平差方程迭代求解未知参数。其平差数学模型为

$$\underset{2(N+N')\times 1}{V} = \underset{2(N+N')\times(T+6)}{A} \cdot \underset{(T+6)\times 1}{X} - \underset{2(N+N')\times 1}{L} \tag{4-65}$$

$$\underset{(T+6)\times(T+6)}{N} \cdot \underset{(T+6)\times 1}{X} = \underset{(T+6)\times(2N+2N')}{A^{\mathrm{T}}} \cdot \underset{2(N+N')\times 2(N+N')}{P} \cdot \underset{2(N+N')\times 1}{L}$$

$$\hat{X} = A^{\mathrm{T}}PL \tag{4-66}$$

式中，$N^{-1} = A^{\mathrm{T}}PA$。

式（4-65）、式（4-66）是体素坐标系相对于模型坐标系同时存在平移、旋转时的平差数学模型，即一般形式。在 CAD 系统中，还存在着仅有平移或旋转两种特例，现讨论如下。

4.3.2　体素坐标系与模型坐标系只存在平移变换的线摄影测量数学模型

对于像图 4-19 所示的工业物体，描述圆柱 A 和圆柱 B 所用的坐标系分别为 $O\text{-}XYZ$, $o\text{-}xyz$，圆柱 B 相对圆柱 A 只存在平移变换，坐标轴平行。设 $O\text{-}XYZ$ 为模型坐标系，如果要量测圆柱 B，只要假定式（4-64）中 $\Omega = \Phi = K = 0$，于是得到误差方程式：

$$\begin{cases} V_x = a_{11}\mathrm{d}X_0 + a_{12}\mathrm{d}Y_0 + a_{13}\mathrm{d}Z_0 + a_{14}\mathrm{d}s_1 + \cdots + a_{1,t+3}\mathrm{d}s_t - l_x \\ V_y = a_{21}\mathrm{d}X_0 + a_{22}\mathrm{d}Y_0 + a_{23}\mathrm{d}Z_0 + a_{24}\mathrm{d}s_1 + \cdots + a_{2,t+3}\mathrm{d}s_t - l_y \end{cases} \tag{4-67}$$

式中，

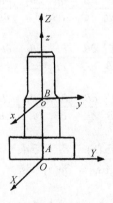

图 4-19　体素坐标系与模型坐标系仅存在平移变换

$$a_{11} = \frac{\partial F^x}{\partial X_0}$$

$$a_{12} = \frac{\partial F^x}{\partial Y_0}$$

$$a_{13} = \frac{\partial F^x}{\partial Z_0}$$

$$a_{21} = \frac{\partial F^y}{\partial X_0}$$

$$a_{22} = \frac{\partial F^y}{\partial Y_0}$$

$$a_{23} = \frac{\partial F^y}{\partial Z_0}$$

$$a_{14} = \frac{\partial F^x}{\partial x(s)} \frac{\partial x(s)}{\partial s_1} + \frac{\partial F^x}{\partial y(s)} \frac{\partial y(s)}{\partial s_1} + \frac{\partial F^x}{\partial z(s)} \frac{\partial z(s)}{\partial s_1}$$

$$\vdots$$

$$a_{1,\,t+3} = \frac{\partial F^x}{\partial x(s)} \frac{\partial x(s)}{\partial s_t} + \frac{\partial F^x}{\partial y(s)} \frac{\partial y(s)}{\partial s_t} + \frac{\partial F^x}{\partial z(s)} \frac{\partial z(s)}{\partial s_t}$$

$$a_{24} = \frac{\partial F^y}{\partial x(s)} \frac{\partial x(s)}{\partial s_1} + \frac{\partial F^y}{\partial y(s)} \frac{\partial y(s)}{\partial s_1} + \frac{\partial F^y}{\partial z(s)} \frac{\partial z(s)}{\partial s_1}$$

$$\vdots$$

$$a_{2,\,t+3} = \frac{\partial F^y}{\partial x(s)} \frac{\partial x(s)}{\partial s_t} + \frac{\partial F^y}{\partial y(s)} \frac{\partial y(s)}{\partial s_t} + \frac{\partial F^y}{\partial z(s)} \frac{\partial z(s)}{\partial s_t}$$

比较式(4-39)与以上误差方程式可知,以上误差方程式只增加了三个未知参数dX_0、dY_0、dZ_0,其描述体素未知参数的误差方程式系数与式(4-8)完全一样。同样地,如果在左、右同名特征线上分别量测N、N'个点(不一定是同名点),只要条件不等式$2(N+N')>T+3$成立,就可利用最小二乘平差方法迭代求解未知参数。其平差的数学模型为

$$\underset{2(N+N')}{V} = \underset{2(N+N')\times(T+3)}{A} \cdot \underset{(T+3)\times 1}{X} - \underset{2(N+N')\times 1}{L} \tag{4-68}$$

$$\underset{(T+3)\times(T+3)}{N} \cdot \underset{(T+3)\times 1}{X} = \underset{(T+3)\times(2N+2N')}{A^{\mathrm{T}}} \cdot \underset{2(N+N')\times 2(N+N')}{P} \cdot \underset{(2N+2N')\times 1}{L}$$

$$\hat{X} = N^{-1}A^{\mathrm{T}}PL \qquad\qquad (4\text{-}69)$$

式中，$N = A^{\mathrm{T}}PA$。

4.3.3 体素坐标系与模型坐标系只存在旋转变换的线摄影测量数学模型

如图 4-20 所示的工业零件。描述圆柱 A 和圆柱 B 的坐标系分别为 $O\text{-}XYZ$ 和 $o\text{-}xyz$，设 $O\text{-}XYZ$ 为模型坐标系，圆柱 B 相对圆柱 A 只存在旋转变换，其原点相同。如果要量测圆柱 B，只要假定式（4-64）中 $X_0 = Y_0 = Z_0 = 0$，于是得到误差方程式：

$$\begin{cases} V_x = a_{11}\mathrm{d}\varPhi + a_{12}\mathrm{d}\varOmega + a_{13}\mathrm{d}K + a_{14}\mathrm{d}s_1 + \cdots + a_{1t+3}\mathrm{d}s_t - l_x \\ V_y = a_{21}\mathrm{d}\varPhi + a_{22}\mathrm{d}\varOmega + a_{23}\mathrm{d}K + a_{24}\mathrm{d}s_1 + \cdots + a_{2t+3}\mathrm{d}s_t - l_y \end{cases} \qquad (4\text{-}70)$$

式中，a_{ij}（$i = 1$，2；$j = 1$，2，$\cdots$，$t+3$）与式（4-64）完全一样。它们的平差数学模型及求解过程也完全一样，这里也不再重复。

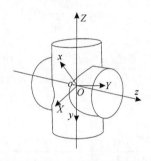

图 4-20　体素坐标系相对模型坐标系仅存在旋转变换

用线摄影测量数学模型量测直线时，以上分析的体素坐标系相对于模型系存在位移和旋转变换时的数学模型，可以不受其影响直接将直线置于模型坐标中求解其参数。这是因为求解直线的数学模型 $\left| P \cdot \left(\vec{d} \times (C-L) \right) \right| \underline{\triangleq} 0$；$\left\| \vec{d} \right\| \underline{\triangleq} 1$；$(C-L) \cdot \vec{d} \underline{\triangleq} 0$ 中，只有 P 点和 C 点与描述直线的坐标系有关，而这种描述可以直接引入到模型坐标系。

在 CAD 系统中，体素坐标系相对于模型坐标系大多数只存在平移。旋转一般很少，如果存在旋转的话，一般来说，旋转时其角度一般为 90° 的整数倍（图 4-20）。

表 4-6 是用两圆柱相贯的模拟影像来验证复杂工业零件的体素坐标系相对于模型坐标系同时存在平移和旋转的线摄影测量数学模型的正确性。从表 4-6 中参数迭代次数、收敛结果及所能达到的精度可知，以上推导的用线摄影测量对同时存在平移与旋转的体素进行量测的数学模型是正确的。

体素坐标系相对模型坐标系同时存在平移、旋转时，其初始值确定与体素的一元运算-平移、旋转有关。从表 4-6 的参数迭代次数、收敛结果及所达到的精度可知，其初始值确定方法（见 4.4 节）是正确的。

表 4-7、表 4-8 是用两圆柱相贯的模拟影像实验来验证复杂工业零件的体素相对于模型坐标系只存在平移和只存在旋转两种情况下线摄影测量数学模型的正确性。从表 4-7、表 4-8 的参数迭代次数、收敛结果及所达到的精度可知，以上所推导的数学模

型（只存在平移、只存在旋转）是正确的。

表 4-6 同时存在平移和旋转时模拟影像中参数迭代次数、收敛结果及所能达到的精度

参数	X_0 /m	Y_0 /m	Z_0 /m	Φ / (°)	Ω / (°)	K / (°)
真值	0.0	9000.0	0.0	0.0	90.0	90.0
初始值	0.0	0.0	0.0	0.0	90.0	90.0
第一次迭代	−0.001027	9000.41998	−0.05493	−0.001027	−0.00618	−0.29819
第二次迭代	0.000149	−0.41976	0.05556	0.000949	0.00448	0.298345
第三次迭代	0.00007	0.0002087	0.000116	0.000147	0.00143	0.002337
第四次迭代	0.00001	0.000008	0.00001	0.00008	0.00001	0.000664
迭代结果	−0.000877	0.000437	0.000756	0.00081	89.99998	90.00278
参数精度	0.007931	0.002084	0.006113	0.001061	0.002114	0.003014
单位权中误差			0.05261			

表 4-7 只存在平移情况下模拟影像中参数迭代次数、收敛结果及所达到的精度 （单位：mm）

参数	X_0	Y_0	Z_0
真值	0.0	0.0	1000.00
初始值	0.0	0.0	0.0
第一次迭代	0.2356	0.1987	999.85
第二次迭代	−0.1634	−0.1284	0.2630
第三次迭代	−0.0527	−0.0681	−0.0350
第四次迭代	−0.0098	−0.0084	−0.005
迭代结果	0.0092	0.0079	1000.0731
参数精度	0.00103	0.0103	0.0195
单位权中误差		0.00739	

表 4-8 只存在旋转时模拟影像中参数迭代次数、收敛结果及所能达到的精度 （单位：mm）

参数	Φ	Ω	K
真值	0.0	90.0	90.0
初始值	0.0	90.0	90.0
第一次迭代	0.00076	0.02772	0.00638
第二次迭代	−0.000016	−0.0501	−0.000109
第三次迭代	−0.000013	−0.00057	−0.000100
第四次迭代	−0.000009	−0.00008	−0.000072
迭代结果	0.00064	90.02296	90.00528
参数精度	0.000172	0.000162	0.000179
单位权中误差		0.00017	

4.4　未知参数初始值的确定

以上所述的各种平差数学模型都是泰勒级数展开式的一次项，求解未知参数最优估值时，需要反复迭代趋近，因此在初次迭代时需要提供初始值。初始值提供的好与坏，不仅直接影响收敛的结果，而且有时会使迭代发散，甚至中途中断，因此在平差前必须确定初始值。由于线摄影测量是基于 CAD 系统的，未知参数的初始值也应该充分利用 CAD 系统中丰富的知识源。

用线摄影测量量测工业零件可能遇到四种形式的线特征（直线、二次曲线、相交线、自由曲线），所以，初始值的确定包括四种形式的线特征的参数和体素坐标系相对于模型坐标系的平移参数（X_0，Y_0，Z_0）及旋转参数（Φ，Ω，K）。现描述如下。

4.4.1　直线参数初始值的确定

确定直线参数 X_c，Y_c，Z_c，$d=(\alpha,\beta,\gamma)$ 的初始值可直接从描述该直线的 CAD 系统的数据结构中获取。在 CAD 系统中，描述某直线是用直线两端点的坐标（X_1，Y_1，Z_1），（X_2，Y_2，Z_2）表示的，如果已知某直线上任意两点的坐标（X_1，Y_1，Z_1），（X_2，Y_2，Z_2），则该直线的方向矢量可表示为

$$\begin{cases} \alpha = X_2 - X_1 \\ \beta = Y_2 - Y_1 \\ \gamma = Z_2 - Z_1 \end{cases} \tag{4-71}$$

而（X_c，Y_c，Z_c）的初始值可以用（X_1，Y_1，Z_1）或（X_2，Y_2，Z_2）确定。例如，表 4-9 是某 CAD 系统中表示的立方体（图 4-21）的数据结构。当用户输入立方体尺寸参数长（L）、宽（W）、高（H）后计算机自动地把立方体八个顶点的坐标记录在数组 Vertex（b，N）中（表 4-9），前三个单元是变换以前的数据 U_i，V_i，W_i，后三个单元是体素经一元运算后的数据 X_i，Y_i，Z_i。因此，如果用线摄影测量方法量测该立方体时，可直接从 CAD 数据结构中抽出其两顶点坐标来计算方向矢量 $d=(\alpha,\beta,\gamma)$ 的初始值。

表 4-9　立方体八个顶点的坐标

数组名		Vertex					
下标号		$(1,i)$	$(2,i)$	$(3,i)$	$(4,i)$	$(5,i)$	$(6,i)$
存储内容		U_i	V_i	W_i	X_1	Y_1	Z_1
顶点号 i	V_1	$L/2$	$W/2$	O			
	V_2	$L/2$	$-W/2$	H			
	V_3	$-L/2$	$W/2$	O			
	V_4	$-L/2$	$W/2$	H			
	V_5	$-L/2$	$-W/2$	O			
	V_6	$-L/2$	$-W/2$	H			
	V_7	$L/2$	$-W/2$	O			
	V_8	$L/2$	$-W/2$	H			

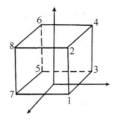

图 4-21 立方体

4.4.2 二次曲线参数初始值的确定

二次曲线参数除描述体素尺寸信息如半径 R、高 H 外，还有角度参数如圆柱 θ_1、圆球 θ_2，φ。尺寸信息的初始值可直接从 CAD 系统中获得。从以上的试验结果（表 4-2）可以知道，二次曲线的尺寸信息收敛半径很大，角度参数收敛半径很小。因此，这里主要讨论二次曲线角度参数初始值确定方法。

由共线方程式：

$$\begin{cases} X - X_s = \lambda\left(a_1 x + a_2 y - a_3 f\right) \\ Y - Y_s = \lambda\left(b_1 x + b_2 y - b_3 f\right) \\ Z - Z_s = \lambda\left(c_1 x + c_2 y - c_3 f\right) \end{cases} \tag{4-72}$$

得

$$\begin{cases} \dfrac{X - X_s}{Y - Y_s} = \dfrac{a_1 x + a_2 y - a_3 f}{b_1 x + b_2 y - b_3 f} = \mu \\ \dfrac{X - X_s}{Z - Z_s} = \dfrac{a_1 x + a_2 y - a_3 f}{c_1 x + c_2 y - c_3 f} = \upsilon \end{cases} \tag{4-73}$$

因 x、y 为影像上量测的坐标，则 μ，υ 为已知数值，所以

$$\begin{cases} X - X_s = \mu\,(Y - Y_s) \\ X - X_s = \upsilon\,(Z - Z_s) \end{cases} \tag{4-74}$$

即

$$\begin{cases} X - \mu Y = X_s - \mu Y_s \\ X - \upsilon Z = X_s - \upsilon Z_s \end{cases} \tag{4-75}$$

由于 X、Y、Z 是尺寸信息和角度参数的函数，又由于尺寸信息的初始值由 CAD 系统直接提供。所以，式（4-75）是关于角度参数的方程，求解此三角方程可得出角度参数的初始值。例如，描述圆柱体素的参数方程为

$$X = R\cos\theta$$
$$Y = R\sin\theta$$
$$Z = H$$

假定在影像上量测一点 $m(x, y)$，则 μ、υ 可按式（4-73）计算；R、H 为尺寸信息，

可以从 CAD 系统中确定其初始值。即由式（4-75）第一个式子得

$$R\cos\theta - \mu R\sin\theta = X_s - \mu Y_s$$

令

$$R = a，\quad -\mu R = b，\quad X_s - \mu Y_s = c$$

所以

$$\frac{a}{\sqrt{a^2 + b^2}}\cos\theta + \frac{b}{\sqrt{a^2 + b^2}}\sin\theta = \frac{c}{\sqrt{a^2 + b^2}}$$

再令

$$\sin\varphi = \frac{a}{\sqrt{a^2 + b^2}}$$

所以

$$\varphi + \theta = \arcsin\left(\frac{c}{\sqrt{a^2 + b^2}}\right)$$

$$\theta = \arcsin\left(\frac{c}{\sqrt{a^2 + b^2}}\right) - \varphi \qquad (4\text{-}76)$$

式中，θ 为量测点 $m(x, y)$ 对应的圆柱的角度参数初始值。

对于两个角度参数的圆球，可用式（4-74）第一个式子、式（4-75）第二个式子求解其三角方程组。

4.4.3　相交线参数初始值的确定

相交线特征的参数初始值确定包括描述两个相交体素的尺寸信息的参数和线摄影测量的角度参数。对于相交的两个体素的尺寸信息参数初始值可直接由 CAD 系统中提供，而角度参数，可以按二次曲线参数初始值角度参数确定方法求之。

例如，当平面与圆柱相交时，平面方程式为

$$AX + BY + CZ + D = 0$$

圆柱为

$$X = R\cos\theta$$
$$Y = R\sin\theta$$
$$Z = H$$

相交线特征的参数方程为

$$X = R\cos\theta$$
$$Y = R\sin\theta$$
$$Z = A'R\cos\theta + B'R\sin\theta + D'$$

式中，$A' = -A/C; B' = -B/C; D' = -D/C$。

在上述未知参数 R、A'、B'、D'、θ 中，R、A'、B'、D'的初始值可从 CAD 中获取。

角度参数 θ 的初始值可从式（4-76）得出。

4.4.4 自由曲线参数初始值的确定

根据 Hermite 曲面与 Hermite 曲线的关系，我们可知：

$$x_{00} = \mathrm{d}x \qquad y_{00} = \mathrm{d}y \qquad z_{00} = \mathrm{d}z$$

$$\frac{\partial x}{\partial t_{00}} = c_x \qquad \frac{\partial y}{\partial t_{00}} = c_y \qquad \frac{\partial z}{\partial t_{00}} = c_z$$

同样 $\mathrm{d}x$、$\mathrm{d}y$、$\mathrm{d}z$，c_x、c_y、c_z 初始值可直接由 Hermite 曲面的设计参数提供。

又因为

$$\frac{\partial x}{\partial t_{00}} = a_x + b_x + c_x$$

$$\frac{\partial y}{\partial t_{00}} = a_x + b_x + c_x$$

其中，$\dfrac{\partial x}{\partial t_{00}}$、$\dfrac{\partial y}{\partial t_{00}}$ 为 Hermite 曲面的设计参数，视为已知值。因此，a_x、b_x 的初始值可由上述方程求得。其他未知参数的初始值 a_y、b_y，a_z、b_z 可按同样的方法求得。

4.4.5 平移参数、旋转参数初始值的确定

平移参数、旋转参数是指描述体素所用的体素坐标系（局部坐标系）相对于模型坐标系（确定摄影机内、外方位元系所用坐标系）作的空间相似变换，包括平移参数 X_0、Y_0、Z_0，旋转参数 Ω、$\varPhi$、K，这些参数的初始值可以直接从 CAD 系统中体素一元运算中获取。

在 CAD 系统中，体素一元运算的平移、旋转参数是用户根据工业零件设计的需要输入的，因此，其初始值可直接从 CAD 数据结构中获取，图 4-22 是立方体的旋转，缩小一元操作图。

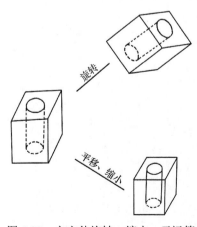

图 4-22 立方体旋转、缩小一元运算

4.5　本　章　小　结

线摄影测量的数学模型是用线摄影测量量测与重建工业零件的核心。为此，本章做了以下工作：

（1）系统地推导了线摄影测量对工业零件进行自动量测与重建的各种形式下的数学模型。包括对单个体素量测与重建的数学模型（直线特征的数学模型、二次曲线特征的数学模型、相交线特征的数学模型、自由曲线特征的数学模型）和对复杂工业零件量测的数学模型（体素坐标系与模型坐标系只存在平移、只存在旋转、同时存在平移和旋转三种形式）。

（2）讨论了未知参数初始值的确定方法，包括直线未知参数、二次曲线未知参数、相交线未知参数、自由曲线未知参数、坐标系平移未知参数、坐标系旋转未知参数的初始值确定方法，在这些未知参数的确定方法中，有些未知参数初始值直接从 CAD 数据库中获取，有些未知参数需要通过计算获得。

参 考 文 献

李德仁, 周国清. 1994. 用线特征摄影测量对目标体素进行量测和重建的可行性研究. 测绘学报, 23(4): 267~275

应道宁. 1990. 计算机绘图. 杭州: 浙江大学出版社

Baltsavias E P. 1991. Multiphoto geometrically constrained matching. Institute of Geodesy & Photogrammetry, 4~9

Mulawa D C, Mikhail E M. 1988. Photogrammetric treatment of linear features. International Society for Photogrammetry and Remote Sensing(ISPRS)-XVI, Community Ⅲ, 27(partB10): 383~393

Zhou G Q, Li D R. 2001. CAD-based object reconstruction using line photogrammetry for direct interaction between GEMS and a vision system. Photogrammetric Engineering and Remote Sensing, 67(1): 107~116

Zielinski H. 1992. Line photogrammetry with multiple images. International Society for Photogrammetry and Remote Sensing (ISPRS). Washingon D. C. XXIX (B3)

Zielinski H. 1993. Line photogrammetry with multiple images. International Society for Photogrammetry and Remote Sensing(ISPRS)-XVⅡ, XXIX(PartB3): 669~676

第5章　线摄影测量的质量控制

5.1　线摄影测量的精度评定

精度是评价测量成果质量的一项重要指标，对于这方面的分析是非常重要的。这主要是因为以上所述的各种数学模型都是建立在观测数据服从正态分布的假设前提，如果观测值中含有粗差或系统误差时，由此计算出来的成果的精度必须考虑。另外，所建立的数学模型（包括函数模型、随机模型）与客观现实之间的差异——模型误差必须用数理统计的检验理论进行检验，只有这样我们才能相信成果是可靠的。

最优估计参数的精度指标主要有单位权中误差及估计参数的中误差。单位权中误差估计值为

$$\hat{\delta}_0^2 = \pm\sqrt{\frac{V^\mathrm{T}PV}{n-t}} \tag{5-1}$$

式中，V 为观测值残差；P 为观测值权；n 为观测数；t 为必要观测数；T 为矩阵转置。

由于

$$\hat{X} = N^{-1}A^\mathrm{T}PL$$

所以

$$\hat{\delta}_{xx}^2 = \delta_0^2 Q_{xx} \tag{5-2}$$

$$Q_{xx} = N^{-1} = \left(A^\mathrm{T}PA\right)^{-1} \tag{5-3}$$

式中，N 为法方程系数；Q_{xx} 为 x 的协因数阵。

式（5-2）、式（5-3）表明了利用数学模型求得空间线特征参数的精度可以通过法方程式系数矩阵的逆矩阵 $(A^\mathrm{T}PA^{-1})$ 求出，此时视观测值为不相关观测值，N^{-1} 中第 i 个对角元素 $Q_{x_ix_i}$ 就是法方程式中第 i 个未知数的权倒数。在选定的模型中，精度是唯一的、有效的性能指标。由于在平差过程中，收敛性不能在精度上表现出来，由遮蔽、阴影、噪声引起的影像坐标量测误差不能在法方程系数矩阵中得到反映，只能从标准偏差中得到反映。

影响估计参数的精度误差主要来源有：

（1）像素尺寸；

（2）边缘提取误差；

（3）影像坐标量测误差；

（4）点的分布、点的数量。

下面分别叙述。

（1）像素尺寸。像素尺寸是指像素的大小。在量测影像坐标时，量测坐标是以像素为计量单位，再换算成影像坐标。根据式（4-1）：

$$x = \left(x_p - x_0\right)P_x$$
$$y = \left(y_p - y_0\right)P_y$$

假定像素量测误差为 m 个像素，则

$$m_x = P_x m$$
$$m_y = P_y m$$

总的误差为

$$M = \sqrt{m_x^2 + m_y^2} = \sqrt{P_x^2 + P_y^2}\, m$$

例如，如果像素量测误差为 0.8 像素， $P_x = P_y = 200\,\mu m$ ，则

$$M = \sqrt{200^2 + 200^2} \times 0.8 = 0.226\,\text{mm}$$

如果像素量测误差为 0.8 像素， $P_x = P_y = 50\,\mu m$ ，则

$$M = \sqrt{50^2 + 50^2} \times 0.8 = 0.0567\,\text{mm}$$

从上面例子可知，像素尺寸的大小，虽然没有直接影响量测误差，但间接影响了量测误差。所以在兼顾存储、计算速度和所要达到的精度时，尽量选择像素尺寸小的数字影像。

（2）边缘提取误差。由于噪声、阴影、遮蔽等因素造成的边缘检测过程中得不到物体的真实边缘，造成影像坐标量测误差，这种误差与边缘检测算子有关。如果能找到一种抗噪能力强，同时考虑到阴影、遮蔽等因素影响的边缘检测算子，将对高精度影像坐标量测非常重要。如果边缘检测存在系统误差，如阴影造成的，即使量测影像坐标精度高，也无法提高量测精度。因此高精度提取物体边缘是高精度量测物体的前提。关于高精度提取物体边缘在第 3 章已经讨论，在这里不作分析。

（3）影像坐标量测误差。影像坐标量测有两种情况：第一种情况是把线特征矢量化，自动量测；第二种情况是提取线特征后，用鼠标在屏幕上量测。对于第一种情况，误差来源主要有阴影、噪声、遮蔽、底片系统变形（数字化胶片后）、物镜畸变差等因素。这些因素有的可以预选加入改正如底片变形改正、物镜畸变差改正（如 CCD 相机的光学误差），对于噪声、阴影、遮蔽等因素造成的量测误差与边缘检测算子有关。对于第二种情况误差，除了含有第一种情况的误差外，主要是指鼠标器在量测时，未准确的落在线特征上，这与人的眼睛疲劳、影像放大操作有关。

（4）点的数量、点的分布对估计参数的影响。根据式（5-2）知

$$\hat{\delta}_{xx} = \hat{\delta}_0^2 Q_{xx} = \hat{\delta}_0^2 \begin{bmatrix} Q_{x_1x_1} & Q_{x_1x_2} & \cdots & Q_{x_1x_t} \\ Q_{x_2x_1} & Q_{x_2x_2} & \cdots & Q_{x_2x_t} \\ \cdots & \cdots & \cdots & \cdots \\ Q_{x_tx_1} & Q_{x_tx_2} & \cdots & Q_{x_tx_t} \end{bmatrix} \qquad (5\text{-}4)$$

未知数的权倒数矩阵 Q 的主对角线元素的大小与影像量测点的分布、量测点的数量有关，而主对角线上的元素就是各个未知数的权倒数，即

$$\frac{1}{P_{x_i}} = Q_{x_ix_i} \qquad (5\text{-}5)$$

因此，点的分布、点的数量将会影响未知参数的精度，现简要分析。

5.1.1 点的数量、点的分布对直线参数精度的影响

由确定空间直线特征的线摄影测量的数学模型：

$$F_1 = \begin{vmatrix} a_1x + a_2y - a_3f & b_1x + b_2y - b_3f & c_1x + c_2y - c_3f \\ \alpha & \beta & \gamma \\ X_C - X_L & Y_C - Y_L & Z_C - Z_L \end{vmatrix} \underline{\underline{\Delta}} 0 \qquad (5\text{-}6)$$

$$F_2 = \alpha^2 + \beta^2 + \gamma^2 \underline{\underline{\Delta}} 1 \qquad (5\text{-}7)$$

$$F_3 = \alpha(X_C - X_L) + \beta(Y_C - Y_L) + \gamma(Z_C - Z_L) \underline{\underline{\Delta}} 0 \qquad (5\text{-}8)$$

可知，点的数量与点的分布不同将在函数 F_1 中得到反映。我们假定空间直线经透视成像后在影像的投影为图 5-1，它在 x 轴和 y 轴上的截距为单位长，即直线方程为

$$x + y = 1$$

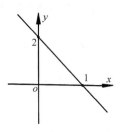

图 5-1　空间直线在影像上投影

如果在影像上量测了 1 号点（图 5-1），则误差方程式为

$$a_{11}\upsilon_{x_1} + a_{12}\upsilon_{y_1} + b_{11}\mathrm{d}\alpha + b_{12}\mathrm{d}\beta + b_{13}\mathrm{d}\gamma + b_{14}\mathrm{d}X_C + b_{15}\mathrm{d}Y_C + b_{16}\mathrm{d}Z_C + \omega_1 = 0$$

$$b_{21}\mathrm{d}\alpha + b_{22}\mathrm{d}\beta + b_{23}\mathrm{d}\gamma \qquad\qquad\qquad + \omega_2 = 1$$

$$b_{31}\mathrm{d}\alpha + b_{32}\mathrm{d}\beta + b_{33}\mathrm{d}\gamma + b_{34}\mathrm{d}X_C + b_{35}\mathrm{d}Y_C + b_{36}\mathrm{d}Z_C + \omega_3 = 0$$

我们还假定摄影为近似正直摄影，这时各个角元素 φ，ω，κ 都是小角，$\sin\varphi \approx \varphi$，$\cos\varphi \approx 1$，根据文献（王之卓，1979）得

$$R = \begin{bmatrix} a_1 & a_2 & a_3 \\ b_1 & b_2 & b_3 \\ c_1 & c_2 & c_3 \end{bmatrix} = \begin{bmatrix} 1 & -\kappa & -\varphi \\ \kappa & 1 & -\omega \\ \varphi & \omega & 1 \end{bmatrix} \tag{5-9}$$

于是得上式误差方程式系数为

$$a_{11} = \begin{vmatrix} 1 & -\kappa & -\varphi \\ \alpha & \beta & \gamma \\ A & B & C \end{vmatrix}$$

$$a_{12} = \begin{vmatrix} \kappa & 1 & -\omega \\ \alpha & \beta & \gamma \\ A & B & C \end{vmatrix}$$

$$b_{11} = \begin{vmatrix} \kappa + \omega f & \varphi - f \\ B & C \end{vmatrix}$$

$$b_{12} = \begin{vmatrix} 1 + \varphi f & \varphi - f \\ A & C \end{vmatrix}$$

$$b_{13} = \begin{vmatrix} 1 + \varphi f & \kappa + \omega f \\ A & B \end{vmatrix}$$

$$b_{14} = \begin{vmatrix} \kappa + \omega f & \varphi - f \\ \beta & \gamma \end{vmatrix}$$

$$b_{15} = \begin{vmatrix} 1 + \varphi f & \varphi - f \\ \alpha & \gamma \end{vmatrix}$$

$$b_{16} = \begin{vmatrix} 1 + \varphi f & \kappa + \omega f \\ \alpha & \beta \end{vmatrix}$$

$$b_{21} = 2\alpha$$

$$b_{22} = 2\beta$$

$$b_{23} = 2\gamma$$

$$b_{31} = A$$

$$b_{32} = B$$

$$b_{33} = C$$

$$b_{34} = \alpha$$

$$b_{35} = \beta$$

$$b_{36} = \gamma$$

式中， $A = X_C - X_L; B = Y_C - Y_L; C = Z_C - Z_L$ 。

如果每量测一点，立即法化，由此组成法方程式系数为

$$\begin{bmatrix} a_{11}^2 + a_{12}^2 & 0 & 0 & b_{11} & b_{12} & b_{13} & b_{14} & b_{15} & b_{16} \\ & 0 & 0 & b_{21} & b_{22} & b_{23} & 0 & 0 & 0 \\ & & 0 & b_{31} & b_{32} & b_{33} & b_{34} & b_{35} & b_{36} \\ & & & 0 & 0 & 0 & 0 & 0 & 0 \\ & & & & 0 & 0 & 0 & 0 & 0 \\ & & & & & 0 & 0 & 0 & 0 \\ & \text{对} & & \text{称} & & & 0 & 0 & 0 \\ & & & & & & & 0 & 0 \\ & & & & & & & & 0 \end{bmatrix}$$

如果量测了影像上 2 号点（图 5-1），同理可得误差方程式：

$$a'_{11}\upsilon_{x_2} + a'_{12}\upsilon_{y_2} + b'_{11}\mathrm{d}\alpha + b'_{12}\mathrm{d}\beta + b'_{13}\mathrm{d}\gamma + b'_{14}\mathrm{d}X_C + b'_{15}\mathrm{d}Y_C + b'_{16}\mathrm{d}Z_C + \omega_1 = 0$$

$$b'_{21}\mathrm{d}\alpha + b'_{22}\mathrm{d}\beta + b'_{23}\mathrm{d}\gamma \qquad\qquad\qquad + \omega_2 = 0$$

$$b'_{31}\mathrm{d}\alpha + b'_{32}\mathrm{d}\beta + b'_{33}\mathrm{d}\gamma + b'_{34}\mathrm{d}X_C + b'_{35}\mathrm{d}Y_C + b'_{36}\mathrm{d}Z_C + \omega_3 = 0$$

式中，

$$a'_{11} = \begin{vmatrix} 1 & -\kappa & -\varphi \\ \alpha & \beta & \gamma \\ A & B & C \end{vmatrix}$$

$$a'_{12} = \begin{vmatrix} \kappa & 1 & -\omega \\ \alpha & \beta & \gamma \\ A & B & C \end{vmatrix}$$

$$b'_{11} = \begin{vmatrix} 1+\omega f & \omega - f \\ B & C \end{vmatrix}$$

$$b'_{12} = \begin{vmatrix} -\kappa + \varphi f & \omega - f \\ A & C \end{vmatrix}$$

$$b'_{13} = \begin{vmatrix} -\kappa + \varphi f & 1+\omega f \\ A & B \end{vmatrix}$$

$$b'_{14} = \begin{vmatrix} 1+\omega f & \omega - f \\ \beta & \gamma \end{vmatrix}$$

$$b'_{15} = \begin{vmatrix} -\kappa + \varphi f & 1+\omega f \\ \alpha & \gamma \end{vmatrix}$$

$$b'_{16} = \begin{vmatrix} -\kappa + \varphi f & 1 + \omega f \\ \alpha & \beta \end{vmatrix}$$

$$b'_{21} = 2\alpha$$

$$b'_{22} = 2\beta$$

$$b'_{23} = 2\gamma$$

$$b'_{31} = A$$

$$b'_{32} = B$$

$$b'_{33} = C$$

$$b'_{34} = \alpha$$

$$b'_{35} = \beta$$

$$b'_{36} = \gamma$$

其法方程式系数为

$$\begin{bmatrix} a'_{11}{}^2 + a'_{12}{}^2 & 0 & 0 & b'_{11} & b'_{12} & b'_{13} & b'_{14} & b'_{15} & b'_{16} \\ & 0 & 0 & b'_{21} & b'_{22} & b'_{23} & 0 & 0 & 0 \\ & & 0 & b'_{31} & b'_{32} & b'_{33} & b'_{34} & b'_{35} & b'_{36} \\ & & & 0 & 0 & 0 & 0 & 0 & 0 \\ & & & & 0 & 0 & 0 & 0 & 0 \\ & & & & & 0 & 0 & 0 & 0 \\ & 对 & & 称 & & & 0 & 0 & 0 \\ & & & & & & & 0 & 0 \\ & & & & & & & & 0 \end{bmatrix}$$

比较误差方程式系数及法方程式系数，可知：

$$a_{11} = a'_{11}$$

$$a_{12} = a'_{12}$$

$$b_{21} = b'_{21}$$

$$b_{22} = b'_{22}$$

$$b_{23} = b'_{23}$$

$$b_{31} = b'_{31}$$

$$b_{32} = b'_{32}$$

$$b_{33} = b'_{33}$$

$$b_{34} = b'_{34}$$

$$b_{35} = b'_{35}$$

$$b_{36} = b'_{36}$$

$$N = N'$$

由此可知，在确定空间直线时，点的分布不改变法方程系数 $N\left(N = AP^{-1}A^{\mathrm{T}}\right)$ 和约束条件 $\left\|\vec{d}\right\| \underline{\Delta} 1$，$\vec{d} \cdot \left(\vec{C} - \vec{L}\right) \underline{\Delta} 0$，只改变确定空间直线参数的共面条件的系数，但是点的数量将会改变法方程系数的结构形式（图 4-6）。比较这些系数得

$$\Delta b_{11} = b_{11} - b'_{11} = C\left(\kappa - 1\right) + B\left(\omega - \varphi\right)$$

$$\Delta b_{12} = b_{12} - b'_{12} = C\left(1 - \kappa\right) + A\left(\omega - \varphi\right)$$

$$\Delta b_{13} = b_{13} - b'_{13} = A\left(1 - \kappa\right) + B\left(1 + \kappa\right)$$

$$\Delta b_{14} = \gamma\left(\kappa - 1\right) + \beta\left(\omega - \varphi\right)$$

$$\Delta b_{15} = \gamma\left(1 + \kappa\right) + \alpha\left(\omega - \varphi\right)$$

$$\Delta b_{16} = \beta\left(1 + \kappa\right) + \alpha\left(1 - \kappa\right)$$

由于假定摄影为近似正直摄影，角元素 φ、ω、κ 都是很小的角，所以有

$$\Delta b_{11} \approx -C$$

$$\Delta b_{12} \approx C$$

$$\Delta b_{13} \approx A$$

$$\Delta b_{14} \approx 0$$

$$\Delta b_{15} \approx 0$$

$$\Delta b_{16} \approx 0$$

由于 $A = X_C - X_L$，$B = Y_C - Y_L$，$C = Z_C - Z_L$，也就是说 Δb_{11}、Δb_{12}、Δb_{13} 与 A、C 的值有关。由此可知，用线摄影测量确定空间直线参数时，点的分布对求解空间未知参数的影响与直线的空间分布有关。如果直线位于 XLY 平面内［图 5-2（a）］，$C = Z_C - Z_L \underline{\Delta} 0$，$A \neq 0$，$B \neq 0$，$\Delta b_{11} = 0$，$\Delta b_{12} = 0$；如果直线位于 YLZ 平面［图 5-2（b）］，$A = X_C - X_L \underline{\Delta} 0$，$B \neq 0$，$C \neq 0$，这时，$\Delta b_{13} = 0$；如果直线位于 XLZ 平面内［图 5-2（c）］，$A \neq 0$，$B \neq 0$，$C \neq 0$。因此，直线位于 XLY 平面时，点的分布对空间直线参数求解影响最小，直线位于 YLZ 平面时，点的分布对空间直线参数求解影响较小，直线位于 XLZ 平面时，点的分布对直线参数求解影响最大。通过分析点的数量、点的分布对空间直线的影响，我们可得出下列结论。

（1）在用线摄影测量确定空间直线参数时，在影像上量测影像点的数量对求解空间参数有一定的影响。

（2）在用线摄影测量确定空间直线参数时，空间直线的分布对求解空间参数有影响，

其中当空间直线位于 *XLZ* 平面及空间任一位置时，影响最大；当空间直线位于 *XLY* 平面时，影响最小；当空间直线位于 *YLZ* 平面时，影响次之。

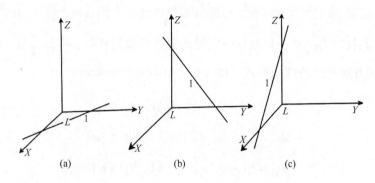

图 5-2　直线空间分布与参数精度的关系

表 5-1、表 5-2 是来自于用立方体模拟影像测试直线特征的线摄影测量中量测点的数量对未知参数的影响的实验结果，从中可以看出，当使用不同量测点时，点的数量对未知参数精度有一定的影响。

表 5-1　量测点相对少时计算的单位权中误差　　　　（单位：mm）

量测点数	左影像：4			右影像：3		
参数	X_c	Y_c	Z_c	α	β	γ
真值	66.0	120.0	93.0	1.00	0.00	0.00
计算值	66.007103	120.001449	93.006631	1.001117	0.001408	0.001531
参数精度	0.00947	0.00717	0.00749	0.00974	0.00532	0.00698
单位权中误差	0.001323					

表 5-2　量测点相对多时计算的单位权中误差　　　　（单位：mm）

量测点数	左影像：6			右影像：8		
参数	X_c	Y_c	Z_c	α	β	γ
真值	66.0	120.0	93.0	1.00	0.00	0.00
计算值	66.003617	120.001917	93.003826	1.00078	–0.000542	–0.000589
参数精度	0.00201	0.00101	0.0021	0.00714	0.00509	0.00499
单位权中误差	0.00107					

5.1.2　点的数量、点的分布对二次曲线参数精度的影响

关于点的数量、点的分布对二次曲线的影响，作者以圆柱体为例说明。

设在体素坐标系中，描述圆柱的方程为

$$Y = R\cos\theta$$
$$Y = R\sin\theta$$
$$Z = H$$

则其误差方程式为

$$v_x = a_{11}dR + a_{12}dH + a_{13}d\theta_1 + \cdots + a_{1,2+i}d\theta_i - l_x$$

$$v_y = a_{21}dR + a_{22}dH + a_{23}d\theta_1 + \cdots + a_{2,2+i}d\theta_i - l_y$$

式中，

$$a_{11} = \frac{\partial F^x}{\partial X}\frac{\partial X}{\partial R} + \frac{\partial F^x}{\partial Y}\frac{\partial Y}{\partial R}$$
$$= -\frac{1}{Z}\{a_1 f + a_3(x - x_0)\}\cos\theta - \frac{1}{Z}\{b_1 f + b_3(x - x_0)\}\sin\theta$$

$$a_{12} = \frac{\partial F^x}{\partial Z}\frac{\partial Z}{\partial H} = -\frac{1}{Z}\{c_1 f + c_3(x - x_0)\}$$

$$\vdots$$

$$a_{1,i+2} = \frac{\partial F^x}{\partial X}\frac{\partial X}{\partial \theta_i} + \frac{\partial F^x}{\partial Y}\frac{\partial Y}{\partial \theta_i}$$
$$= -\frac{1}{Z}\{a_1 f + a_3(x - x_0)\}(-R\sin\theta_i) - \frac{1}{Z}\{b_1 f + b_3(x - x_0)\}R\cos\theta_i$$

$$\vdots$$

$$a_{21} = \frac{\partial F^y}{\partial X}\frac{\partial X}{\partial R} + \frac{\partial F^y}{\partial Y}\frac{\partial Y}{\partial R}$$
$$= -\frac{1}{Z}\{a_2 f + a_3(y - y_0)\}\cos\theta - \frac{1}{Z}\{b_2 f + b_3 f(y - y_0)\}\sin\theta$$

$$a_{22} = \frac{\partial F^y}{\partial Z}\frac{\partial Z}{\partial H} = -\frac{1}{Z}\{c_2 f + c_3(y - y_0)\}$$

$$\vdots$$

$$a_{2,i+2} = \frac{\partial F^y}{\partial X}\frac{\partial X}{\partial \theta_i} + \frac{\partial F^y}{\partial Y}\frac{\partial Y}{\partial \theta_i}$$
$$= -\frac{1}{Z}\{a_2 f + a_3(y - y_0)\}(-R\sin\theta_i) - \frac{1}{Z}\{b_2 f + b_3(y - y_0)\}R\cos\theta_i$$

假定摄影是近似正直摄影，各个角元素 φ、ω、κ 都是小角，$\sin\varphi \approx \varphi$，$\cos\varphi \approx 1$，$R$ 可表示为

$$R = \begin{bmatrix} 1 & -\kappa & -\varphi \\ \kappa & 1 & -\omega \\ \varphi & \omega & 1 \end{bmatrix}$$

同时还假定圆柱上底面经透视成像后在影像上形成以像主点为圆心的圆（图5-3）。

如果在影像上量测了四个影像点 1、2、3、4 [图5-3（a）]，其角度分别对应圆柱上底面的角度为 $\theta_1 = 0°$，$\theta_2 = 90°$，$\theta_3 = 180°$，$\theta_4 = 270°$，根据式（4-8）得法方程系数为

$$
\begin{bmatrix}
2T_1^2+2W_1^2+2T_2^2+2W_2^2 & 0 & -\dfrac{1}{2}R\left(T_1^2-T_2^2+W_1^2-W_2^2\right) & -\dfrac{1}{2}R\left(T_1^2-T_2^2+W_1^2-W_2^2\right) \\[8pt]
 & 4T_3^2+4W_3^2 & -\dfrac{\sqrt{2}}{2}R\left(T_1T_3-T_2T_3-W_1W_3-W_2W_3\right) & \dfrac{\sqrt{2}}{2}R\left(T_1T_3+T_2T_3+W_1W_3+W_2W_3\right) \\[8pt]
 & -\dfrac{\sqrt{2}}{2}R\left(T_1T_3+T_2T_3-W_1W_3+W_2W_3\right) & 0 & 0 \\[8pt]
\text{对} & & 0 & 0 \\[8pt]
\text{称} & \dfrac{1}{2}R\left[(T_1-T_2)^2+(W_1-W_2)^2\right] & \dfrac{1}{2}R\left[(T_1-T_2)^2+(W_1-W_2)^2\right] & \dfrac{1}{2}R\left[(T_1+T_2)^2+(W_1+W_2)^2\right] \\[8pt]
 & \dfrac{1}{2}R\left[(T_1+T_2)^2+(W_1+W_2)^2\right] & &
\end{bmatrix}
$$

式中：

$$T_1 = -\frac{1}{\bar{Z}}\{a_1 f + a_3(x - x_0)\}$$

$$T_2 = -\frac{1}{\bar{Z}}\{b_1 f + b_3(x - x_0)\}$$

$$T_3 = -\frac{1}{\bar{Z}}\{c_1 f + c_3(x - x_0)\}$$

$$W_1 = -\frac{1}{\bar{Z}}\{a_2 f + a_3(y - y_0)\}$$

$$W_2 = -\frac{1}{\bar{Z}}\{b_2 f + b_3(y - y_0)\}$$

$$W_3 = -\frac{1}{\bar{Z}}\{c_2 f + c_3(y - y_0)\}$$

$$\bar{Z} = c_1(X - X_s) + c_2(Y - Y_s) + c_3(Z - Z_s)$$

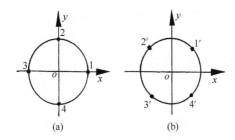

图 5-3　圆柱上底面量测的影像点

如果在影像上量测另外四点 1′，2′，3′，4′［图 5-3（b）］，其角度分别对应圆柱上底面的角度为 $\theta_1 = 45°$，$\theta_2 = 135°$，$\theta_3 = 225°$，$\theta_4 = 315°$。根据式（4-8），其法方程式为

因 φ、ω、κ 都是小角，故

$$T_1 = \frac{1}{T}(f - \varphi x) = \frac{f}{T}$$

$$T_2 = \frac{1}{T}(\kappa f - \omega x) = 0$$

$$T_3 = \frac{1}{T}(\varphi f + x) = \frac{x}{T}$$

$$W_1 = \frac{1}{T}(-\kappa f - \varphi y) = 0$$

$$W_2 = \frac{1}{T}(f - \omega y) = \frac{f}{T}$$

$$W_3 = \frac{1}{T}(\omega f + y) = \frac{y}{T}$$

$$T \approx (Z - Z_s) = (H - Z_s)$$

比较两个法方程式系数阵的增量，我们有：

$$\Delta N = \begin{bmatrix} 0 & 0 & 0 & 0 & 0 & 0 \\ & 0 & 0 & 0 & 0 & 0 \\ & & 0 & 0 & 0 & 0 \\ & & & 0 & 0 & 0 \\ 对 & & 称 & & 0 & 0 \\ & & & & & 0 \end{bmatrix} = 0_{6 \times 6}$$

根据以上的分析可知：

（1）用线摄影测量确定圆柱上底圆的空间位置时，量测的影像点的分布在近似正直摄影时，对未知参数求解影响不是很大。

（2）但在非正直摄影时，由于 $\Delta N \neq 0$，所以点的分布对未知参数求解有一定的影响。

（3）从法方程系数可知，点的数量对未知参数求解有影响，点数越多，未知参数的精度越高。

根据上述点的数量对未知参数的分析，本书用近似正直摄影的圆柱上底面为例进行了实验。表 5-3 是用近似正直摄影的圆柱上底面为例，测试点的数量对求解未知参数的影响结果。从中可以看出点的数量对求解未知参数精度有一定的影响，但影响较小。

根据上述点的分布对未知参数的分析，本书用近似正直摄影的圆柱上底面为例进行了实验。表 5-4 是用近似正直摄影圆柱上底面作为测试点的分布对未知参数的影响结果。从中可以看出：

（1）点的分布对二次曲线参数的精度影响较小，这与平面几何中，平面圆上任意三点可决定该圆的大小的结论是一致的。

（2）如果摄影为非近似正直摄影，从上面的分析可知，其点的分布对二次曲线参数的精度有一定程度的影响。

表 5-3　测试点的数量对求解未知参数的影响结果　　　　　（单位：mm）

量测点数	第 I 种情况	第 II 种情况
	左影像：4　右影像：5	左影像：3　右影像：3
参数	R	R
真值	40.0	40.0
计算值	40.0019269	40.002992
参数精度	0.000278	0.000743
单位权中误差	0.000214	0.000438

表 5-4　用近似正直摄影圆柱上底面作为测试点的
分布对未知参数的影响结果　　　　　（单位：mm）

点的分布	I	II	III	IV
参数	R	R	R	R
真值	40.0	40.0	40.0	40.0
计算值	40.00071	39.999938	40.029859	40.02992
参数精度	0.000172	0.000522	0.000723	0.000743
单位权中误差	0.000981	0.000338	0.000222	0.000438
分布图	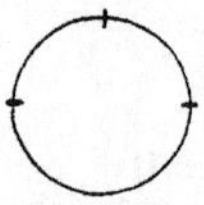	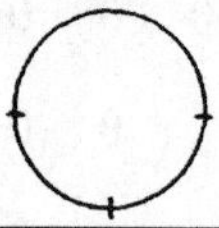	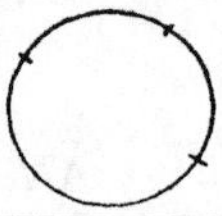	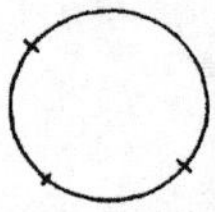

5.2　线摄影测量的质量控制：自诊断、自适应

以上讨论的线摄影测量的平差模型都是假定观测值仅含有偶然误差，然而，如果观测值中含有粗差或系统误差时，这种平差模型是否能保证所估计的参数不受或少受模型误差的影响，Förstner（1987）认为应该用质量控制（quality-control）的方法来评价一个平差模型的好坏。

荷兰大地测量学家 Baarda 首先系统地阐述了质量控制的概念，并发展了这一理论。这一理论叙述了目标质量控制的方法，包括设计的几何性、估计方法和测试手段。设计的评价（evaluation）是基于精度、控制能力和粗差剔除的度量。而数据的评价是基于统

计分析，用统计方法估计可能出现的粗差大小及观测值对结果的影响。因此，在对一个平差模型作质量评价时，仅以精度作为评定测量成果的质量指标是不全面的，还必须讨论其可靠性，因为对不可靠的成果讨论其精度是无意义的。

可靠性研究理论给出了平差系统发现粗差的能力和不可发现的粗差对平差结果的影响，同时也给出了检测和发现粗差的统计量。概括地讲，可靠性理论的研究主要有两个任务（李德仁，1988a）："第一，从理论上研究平差系统发现和区分粗差（或系统误差）的能力（内部可靠性），以及不可发现和不可区分的粗差（或系统误差）对平差结果的影响（外部可靠性）；第二，从实践中寻求在平差过程中自动发现和区分模型误差以及确定模型误差位置的方法"。李德仁（1988a）认为："粗差作为一种模型误差，可以从两个角度去理解它。第一，含粗差的观测值可以看作与其他同类观测值具有相同的方差，不同期望的一个子样，这意味着将粗差视为函数模型的一部分。第二，含粗差的观测值可以看作与其他同类观测值具有相同的期望但不同方差的子样，含粗差观测值的方差将异常大，这意味着将粗差视为随机模型的一部分。"

可靠性研究的一个最现实的目的是：如何在平差过程中，自动地发现粗差的存在，并正确地指出粗差的位置，从而将它从平差过程中剔除。这就是所谓的粗差定位。本书将讨论粗差归入函数模型和随机模型两种情况。

5.2.1 线摄影测量的质量控制：自诊断

Baltsavias（1991）认为："一个理想的平差模型是能提取有用的数据和其他知识及其必要的信息来调整其参数，以减少所建立的数学模型（包括函数模型与随机模型）与客观现实之间的差异。一个很有前途的算法是：平差模型能积累、分析和使用必要的知识自动改进它的函数——自学习（self-learning），然而目前所能做到的只能对平差模型进行自诊断（self-diagnosis）和自适应（self-adaptivity）的质量控制。"

平差模型的自诊断是指，在平差系统中，根据平差模型本身反馈的信息，利用统计检验方法自动诊断所建立的数学模型是否存在模型误差。粗差作为一种模型误差，如利用统计检验方法检测观测数据是否存在粗差（函数模型误差），并给出粗差的位置和大小，然后剔除粗差，实现平差系统的质量控制，是属于平差模型的自诊断（李德仁，1988a）。著名的 Baarda 数据探测法（data-snooping）就是平差模型的自诊断。

Baarda（1968）认为：

$$w_i = \frac{v_i}{\delta_{v_i}} = \frac{v_i}{\sqrt{r_i}\,\delta_{ii}} = \frac{v_i}{\delta_0 \sqrt{q_{v_{ii}}}}$$

式中，w_i 为标准化残差；$q_{v_{ii}}$ 为 Q_{vv} 矩阵的第 i 个对角元素。

若观测值 l_i 不存在粗差，则 w_i 服从标准化正态分布，即

$$w_i \sim N(0,1)$$

因此，可通过对标准化残差 w_i 的检验来统计判断 l_i 是否存在粗差，即给定一个显著水平 α，由正态分布表得到检验的临界值 k_a，若 $w_i < k_a$，则认为观测值为正常观测值；若

$w_i > k_a$，则认为观测值可能含有粗差，其粗差大小估计为

$$\nabla \hat{l}_1 = -\frac{v_i}{r_i}$$

式中，$r_i = (Q_{vv}P)_{ii}$；v_i 为第 i 个观测值残差。

尽管数据探测法（data snooping）在自动给出粗差的位置和大小时遇到了一些困难（尤其是同时存在多个粗差），但对含一个粗差的平差系统，其检测粗差能力仍非常有效（李德仁，1988b）。下面用试验来分析 data snooping 对线摄影测量实现自诊断的质量控制。

表 5-5 是来自于当近似正直摄影的圆柱上底面存在不同大小的粗差时，利用数据探测法和不利用任何检测法检测粗差对估计参数影响的实验结果。从中可以看出：如果影像坐标量测误差在 1～2 个像素内，对估计参数精度有一定的影响；如果量测误差大于 3 个像素以上，则对估计参数影响较大。另外，像素量测误差的大小对估计参数的影响还与采样间距有关。采样间距越大，在相同的量测误差下，其影响也越大。

表 5-5 利用数据探测法和不利用任何检测法检测粗差
对估计参数影响的实验结果

粗差大小	$\nabla l = 0$	$\nabla l = 1$像素$\approx 1.2\sigma_0$		$\nabla l = 3$像素$\approx 3.5\sigma_0$		$\nabla l = 8$像素$\approx 9.2\sigma_0$		$\nabla l = 20$像素$\approx 22.9\sigma_0$	
检测情况		—	数据探测	—	数据探测	—	数据探测	—	数据探测
改正数	−0.01	−0.01	−0.01	−0.19	−0.04	−0.84	−0.02	−1.66	−0.09
w_i	1.23		1.51		3.32		9.58		19.26
$w_i < k_a$ ($k_a = 3.29$)			小于		大于		大于		大于
参数计算值	7999.99926	7999.9929	7999.9926	7999.9808	7999.9984	7998.6836	7999.9527	7990.0325	7999.9184
精度	0.069451	0.089463	0.089463	0.183391	0.071710	1.192811	0.090912	5.636594	0.098933
单位权中误差	0.043659	0.043661	0.043661	0.146388	0.048488	1.663659	0.084989	5.493138	0.096944

注："—"表示不利用任何检测法。

5.2.2 线摄影测量的质量控制：自适应

平差模型的自适应是指在平差系统中，根据平差模型本身反馈的信息，自动调整平差系统的结构，实现平差模型的质量控制。粗差视为随机模型误差，在用选择权迭代法进行粗差定位时，是一种平差模型的自适应，其基本思想是（李德仁，1988b）：由于粗差未知，平差仍从惯常的最小二乘法开始，但在每次平差后，根据其残差和有关其他参数，按所选择的权函数，计算每个观测值在下一步迭代平差中的权。如果权函数选择得当，且粗差可定位，则含粗差观测值的权越来越小，直至趋近于零。迭代中止时，相应的残差将直接指出粗差的值，而平差的结果将不受粗差的影响。这种的过程就是自适应平差过程，它能实现质量控制。

目前，用选择权迭代方法进行自适应性质量控制的主要方法有：L_1 范数法、丹麦法、加拿大 EL-Hakim 法、李德仁法，本书选用李德仁法，其思想是，如果平差系统含有多组观测值，每组观测值具有相同的精度，且观测值不相关。根据最小二乘平差后的残差

v_{ij} 和多余观测分量 r_{ij} 构成统计量 T_{ij} :

$$T_{ij} = \frac{v_{ij}^2 \cdot p_i}{\delta_0^2 r_{ij}} = \frac{v_{ij}^2 p_i}{\hat{\delta}_0^2 q_{i,j} \cdot p_{i,j}}$$

统计量 T_{ij} 服从自由度为 1 和 r_i 的中心 F 分布。对于给定的显著水平 α ，若 $T_{ij} < F_{\alpha;1,r_i}$ ，则表明该组观测值 l_{ij} 不含粗差；若 $T_{ij} > F_{\alpha;1,r_i}$ ，则表明该组观测值 l_{ij} 很有可能含有粗差。可按下列权函数计算下一次迭代平差中观测值的权。

$$P_{ij} = \begin{cases} P_i = \dfrac{\hat{\delta}_0^2}{\hat{\delta}_i^2} & T_{ij} < F_{\alpha;1,r_i} \\[3mm] P_i = \dfrac{\hat{\delta}_0^2 \cdot r_{ij}}{v_{ij}^2} & T_{ij} \geqslant F_{\alpha;1,r_i} \end{cases}$$

当仅有一组等精度观测值时，其统计量和权函数相应为

$$T = \frac{v_i}{\delta_0^2 q_{ii} p_i}$$

$$P_i = \begin{cases} 1 & T_i < F_{\alpha;1,r} \\[3mm] \dfrac{\hat{\delta}_0^2 q_{ii} p_i}{v_i^2} & T_i \geqslant F_{\alpha;1,r} \end{cases}$$

作者利用李德仁法对线摄影测量平差模型含有粗差进行了自适应算法，其结果见表5-6。

表 5-6 是与表 5-5 在相同的试验条件和相同的试验数据下，用李德仁选择权迭代法对线摄影测量进行自适应质量控制。从试验结果可知，李德仁选择权迭代法具有较好的定位、剔除粗差的能力，能明显改善估计参数的精度。

表 5-6 李德仁选择权迭代法实验结果

粗差大小	$\Delta l = 0$	$\Delta l = 1$像素 $\approx 1.2\sigma_0$		$\Delta l = 3$像素 $\approx 3.5\sigma_0$		$\Delta l = 8$像素 $\approx 9.2\sigma_0$		$\Delta l = 20$像素 $\approx 22.9\sigma_0$	
选择权情况		无	有	无	有	无	有	无	有
迭代后参数估计值	7999.993	7999.9929	7999.99839	7999.9808	7999.9982	7998.6836	7999.9875	7990.0325	7999.9144
迭代后精度	0.069451	0.089463	0.089683	0.183391	0.039364	1.192811	0.079543	5.636594	0.09333

5.3 模拟影像试验分析

作者对九幅模型影像进行了试验，试验影像为 200×200 像素，采样间距为 50μm。试验分六组，分别用直线特征、二次曲线特征、相交线特征、自由曲线特征，对工业零件的几何元素（长、宽、高、半径）进行量测并估计其能达到的精度。在每组试验中，首先用高精度边缘检测算法精确检测边缘并细化，再做区域匹配，找到同名区域；进一步做线特征匹配，找出它们的同名特征线，并将同名特征线矢量化；最后根据线特征的

长短，在左、右同名线特征上，每隔一定数量的像素量测一点（如 10 像素，20 像素），并立即法化，然后利用最小二乘法迭代求解未知参数。

第 I 组试验：这组试验是测试用直线特征来量测立方体的几何元素（长、宽、高）及所能达到的精度。试验结果见表 5-7，对应图形见图 5-4。

表 5-7　立方体 　　　　　　　　　　　　　　　　　　　　　（单位：mm）

长		宽		高	
理论值	计算值	理论值	计算值	理论值	计算值
1000.00	999.9883	1000.00	1000.0617	1000.00	1000.1074

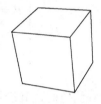

图 5-4　立方体

第 II 组试验：这组试验测试用二次曲线特征对规则曲面（球、圆柱、椭球）的几何元素（半径，高）的量测及所达到的精度。试验结果见表 5-8～表 5-10，对应图形见图 5-5～图 5-7。

表 5-8　球

半径	
理论值	计算值
8000.00	7999.9906

表 5-9　圆柱

上表面半径		下表面半径	
理论值	计算值	理论值	计算值
6000.00	5999.9391	8000.00	8000.3074

表 5-10　椭球

长半轴		中半轴		短半轴	
理论值	计算值	理论值	计算值	理论值	计算值
12000.00	12000.0014	16000.00	16000.0019	10000.00	9999.9353

注：椭球方程 $X^2/A^2 + Y^2/B^2 + Z^2/C^2 = 1$。

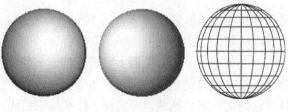

图 5-5　球体

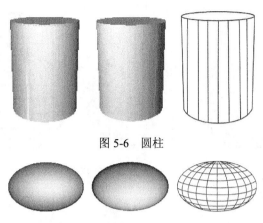

图 5-6   圆柱

图 5-7   椭球

第Ⅲ组试验：这组试验测试用相交线特征对平面与圆柱相交、圆球与圆球相交、圆柱与圆柱相交的工业零件的几何元素（高，半径）的量测及所能达到的精度。试验结果见表 5-11～表 5-13，对应图形见图 5-8～图 5-10。

表 5-11   平面与圆柱相交

半径		A'		B'		D'	
理论值	计算值	理论值	计算值	理论值	计算值	理论值	计算值
8000.00	8000.0078	−0.500	−0.500130	−0.500	−0.500964	10000.00	10000.0907

表 5-12   圆球与圆球相交

大圆半径		小圆半径		高	
理论值	计算值	理论值	计算值	理论值	计算值
8000.00	7999.9918	4000.00	4000.0093	1000.00	1000.0731

表 5-13   圆柱与圆柱相交

大圆柱半径		小圆柱半径		高	
理论值	计算值	理论值	计算值	理论值	计算值
6000.00	6000.0075	4500.00	4500.0038	0.00	−0.06732

注：大圆柱方程 $X = R\cos\theta$，$Y = R\sin\theta$，$Z = t$；小圆柱方程 $X = R'\cos\theta'$，$Y = t'$，$Z = R'\sin\theta$；小圆柱中心轴与大圆柱 y 轴重合。

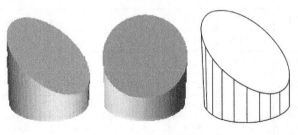

图 5-8   平面与圆柱相交

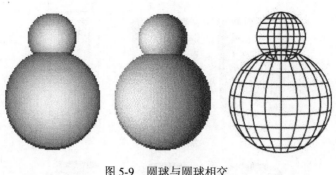

图 5-9　圆球与圆球相交

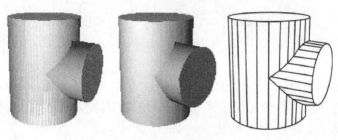

图 5-10　圆柱与圆柱相交

第 IV 组试验：该组试验是测试用 Hermite 曲线线摄影测量对 Hermite 曲面的角点信息矩阵进行量测及所达到的精度。在该组试验中，为了使问题不过于复杂，扭矢参数作为已知值，不参与求解。用 Hermite 曲线线摄影测量对曲面片的四条边界进行量测，再计算曲面片角点信息阵中左上角、右上角和左下角元素，试验结果见表 5-14。另外，为了测试自由曲面上某点的高程，作者利用计算出来的 Hermite 曲面参数计算了 72 个高程点，并用最小二乘匹配求高程方法求出这些高程点，选取 45 个点的高程，列于表 5-15 中，72 个高程点的高程差 $\Delta H = 28\text{mm}$，其对应图形见图 5-11。

表 5-14　Hermite 曲线

	理论值				计算值			
A_x	160.0	−60.0	3.0	5.0	160.01	−60.05	3.03	4.95
	80.0	−140.0	−111.0	−200.0	80.02	−140.04	−111.1	−200.03
	−2.0	−9.0	18.0	36.0	−2.0	−9.0	18.05	35.95
	200.0	160.0	45.0	40.0	200	160.1	45.15	39.89
A_y	160.0	100.0	3.5	5.6	160.01	100.09	3.45	5.46
	−100.0	20.0	−21.5	40.0	−99.69	20.19	21.5	40.06
	−2.0	−9.0	18.0	36.0	−2.0	−9.05	−18.0	36.33
	101.0	−92.0	45.0	40.0	101.12	−92.13	45.5	40.09
A_z	10.0	30.0	3.5	5.6	10.06	30.0	3.5	5.9
	60.0	80.0	50.0	80.0	60.0	80.05	50.05	80.06
	112.0	120.0	18.0	36.0	12.0	119.83	18.0	36.18
	−100.0	−160.0	45.0	40.0	−1000.0	−159.86	45.15	40.11

表 5-15　Hermite 曲面　　　　　　　　　　　　（单位：mm）

点号	计算值	最小二乘法	点号	计算值	最小二乘法	点号	计算值	最小二乘法
1	156.9	157.8	16	−20.2	−21.2	31	24.7	25.1
2	141.2	141.9	17	−45.3	−46.6	32	−3.0	−3.0
3	116.0	116.4	18	−61.1	−62.5	33	−31.5	−31.9
4	84.4	84.6	19	140.9	141.9	34	−59.2	−60.2
5	49.8	49.5	20	158.6	158.6	35	−84.4	−85.6
6	15.1	14.5	21	154.0	154.2	36	−105.6	−107.0
7	−16.4	−17.3	22	147.2	147.4	37	69.5	71.1
8	−41.5	−42.7	23	138.8	139.1	38	54.2	55.5
9	−57.1	−58.5	24	129.7	130.0	39	34.3	35.3
10	152.4	153.4	25	120.6	120.9	40	11.0	11.6
11	136.6	137.4	26	112.4	112.6	41	−14.5	−14.4
12	111.5	111.9	27	105.6	105.8	42	−41.4	−41.5
13	80.1	80.2	28	101.3	101.3	43	−67.8	−68.5
14	45.6	45.4	29	144.6	144.7	44	−93.2	−94.3
15	11.1	10.5	30	141.1	141.3	45	−110.3	−117.0

高程点总误差为：28mm

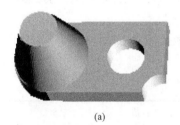 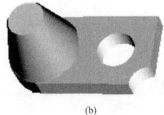 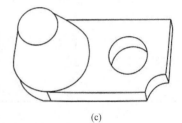

（a）　　　　　　　　　　（b）　　　　　　　　　　（c）

图 5-11　复杂工业零件

（a），（b）为立体影像对；（c）为用计算出来的参数产生的影像

第 V 组试验：该组试验是测试线摄影测量对复杂工业零件量测（包括尺寸信息、位置信息、平移、旋转参数）及所达到的精度，试验结果见表 5-16、表 5-17，其对应的影像见图 5-12。

表 5-16　方体、圆台、孔的测量结果　　　　　　　　（单位：mm）

体素	参数		理论值	计算值
方体		长 L	6000.00	6000.001
		宽 W	4000.00	3999.998
		高 H	2000.00	1999.999
圆台		上底面半径 r 台	1000.00	1000.003
		下底面半径 R 台	2000.00	2000.000
		高 H 台	3000.00	29999.998
	平移参数	X_0 台	0.0	
		Y_0 台	0.0	
		Z_0 台	0.0	
	旋转参数	Φ 台	0.0	
		Ω 台	0.0	
		K 台	0.0	

体素	参数		理论值	计算值
孔	半径 R 孔		1000.00	999.9893
	高 H 孔		2000.00	2000.0047
	平移参数	X_0 孔	0.00	−0.009334
		Y_0 孔	40.00	3999.9856
		Z_0 孔	0.00	−0.0088
	旋转参数	Φ 孔	0.0	
		Ω 孔	0.0	
		K 孔	0.0	

从以上试验结果我们可以看到，计算值与理论值仍有误差，这种误差主要来源于边缘提取、点的量测、采样间距、点的数量及点的分布。但是，从上面的实验结果，我们仍可得出下列结论。

（1）用线摄影测量能对 CAD 表示的工业零件进行自动量测，能架起 CAD 与摄影测量的桥梁。

（2）计算结果是 CAD 表示的位置信息、尺寸信息，能反馈到 CAD 系统，与 CAD 相互作用。

表 5-17　圆柱体 I 、II 的测量结果　　　　　　（单位：mm）

体素	参数		理论值	计算值
圆柱 I	半径 R_I		2000.00	1999.96
	高 H_I		2000.00	1999.99
	平移参数	X_{0I}	0.0	
		Y_{0I}	0.0	
		Z_{0I}	0.0	
	旋转参数	Φ_I	0.0	
		Ω_I	0.0	
		K_I	0.0	
圆柱 II	半径 R_{II}		1000.00	999.999
	高 H_{II}		2000.00	2000.001
	平移参数	X_{0II}	2000.00	1999.968
		Y_{0II}	6000.00	5999.95
		Z_{0II}	−2000.00	−2000.03
	旋转参数	Φ_{II}	0.0	
		Ω_{II}	0.0	
		K_{II}	0.0	

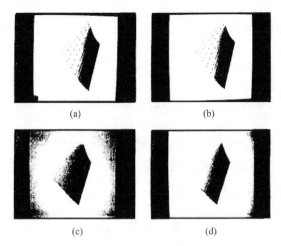

图 5-12 Hermite 曲面

（3）计算精度能满足工业自动检测的要求。

（4）整个过程能实现自动化。

5.4 本 章 小 结

线摄影测量的数学模型是用线摄影测量量测与重建工业零件的核心。用这种方法解决无明显特征点的工业零件量测的可行性、能达到的精度、量测成果的可靠性是其关键。为此，本章做了以下工作。

1. 讨论了点的分布、点的数量对未知参数的影响

第一，通过对点的分布、点的数量对直线未知参数的影响分析，得出了如下结论。

（1）像点的数量对求解空间直线未知参数的精度有一定的影响，但影响较小。

（2）直线的未知参数精度与空间直线的分布有关。如果空间直线位于 *XLZ* 平面及空间其他位置时，影响最大；当空间直线位于 *XLY* 平面时，影响最小；当空间直线位于 *YLZ* 平面时，影响次之。

第二，通过对点的数量、点的分布对圆柱的影响分析得出如下结论。

（1）当摄影为近似正直摄影时，点的分布对求解未知参数的影响较小，精度提高不明显。

（2）量测点的数量对求解未知精度有影响，一般来说，量测点数越多，精度越高。

2. 讨论了线摄影测量的质量控制

用数据探测法对平差模型进行自诊断和用选择权迭代法对平差模型进行自适应两种方法实行质量控制，从而提高测量成果的可靠性。

通过试验可知，对平差模型进行自诊断，自适应来提高测量成果的可靠性是非常重要的。测量成果的可靠性同精度一样是评价测量成果的主要指标。

3. 通过用线摄影测量方法对工业零件几何元素的量测，以及其所能达到的精度的模拟试验

其结果表明：

（1）线摄影测量方法能对 CAD 表示的工业零件进行自动量测与重建、能架起 CAD 与摄影测量的桥梁；

（2）线摄影测量对工业零件进行自动量测的精度能满足工业自动检测的要求；

（3）线摄影测量方法量测出来的成果是 CAD 所需要的位置信息和尺寸信息，能反馈到 CAD 系统中去，与 CAD 相互作用。

参 考 文 献

李德仁. 1988a. 误差处理与可靠性理论. 北京: 测绘出版社

李德仁. 1988b. 摄影测量新技术讲座. 武汉: 武汉测绘科技大学出版社

王之卓. 1979. 摄影测量原理. 北京: 测绘出版社

Baarda W. 1968. A Testing Procedure for Use in Geodetic Networks. Kanaalweg: Delft Kanaalweg Rijkscommissie Voor Geodesie

Baltsavias E P. 1991. Multiphoto geometrically constrained matching. Doctor Dissertation, Zurich

Förstner W. 1987. Reliability analysis of parameter estimation in linear models with application to measuration problems in computer vision. Computer Vision, Graphics, and Image Processing (GVGIP), 40: 273~310

第6章　用于线摄影测量的工业零件的识别

6.1　概　　述

6.1.1　引言

为了实现用第4章推导的各种线性特征形式下线摄影测量的数学模型自动量测与重建复杂工业零件，首先必须用计算机自动识别场景中复杂工业零件的各个组成部分——体素，以重建其拓扑信息。例如，图 6-1 中某工业零件是由圆柱和立方体组成，如果计算机能自动识别这个物体是由圆柱和立方体组成，那么就可以直接利用直线特征和二次曲线（圆柱）特征的线摄影测量的数学模型求解其几何信息和位置信息。由于在现有的 CAD 系统中，已存在关于此工业零件的模型（数据结构）（严格来说是抽象的模型）。因此，复杂工业零件各个组成部分（体素）的识别实质上是基于 CAD 模型的自动识别（Zhou，1997）。

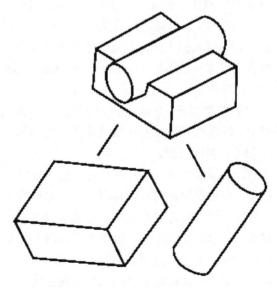

图 6-1　体素自动识别

6.1.2　基于 3D 物体模型识别的回顾

已存在大量的基于 3D 物体模型识别的文献，本书不可能一一列举和回顾全部识别方法，只能选择一些具有代表性的、重点的方法进行回顾。在所有的识别方法中，有基于距离影像（range image）或距离数据（range data）的识别方法；也有基于灰度影像（grey image）的识别方法。他们的识别思路主要是采用形状特征、表面特征，并利用知识来分析、推理和标记等方法来识别三维物体。

在利用距离影像或距离数据识别三维物体时，一般的方法是根据简单基元，如表面片、三维边缘，来描述场景与物体模型，然后尽力去找到它们之间的一致性匹配。Bhanu（1984）提出了距离影像中识别三维物体的三维场景分析系统，这个系统根据平面多边形表面块来表示模型（如景物）以及使用基于松弛，即所谓随机面标记（stochastic face labeling）匹配方法识别物体。这种方法能处理任意视点的物体，但它依赖于这些表面块的完整性。Fáugeras 和 Hebert（1986）使用了类似的方法对模型和物体进行表示，他们采用基于预测（prediction）和验证（verification）方案实行树搜索（tree-search）匹配方法。Grimson 和 Lozano-Péréz（1984）提出了解译树（interpretation tree，IT）技术，是对基于 3D 物体表示的模型进行识别和定位的系统。在这个系统中，物体用多面体进行模型化，物体表面上点的法线和点的 3D 位置，常用来作为从一组已知模型中识别孤立物体的依据。通过使用距离和角度的局部约束，删除视点和模型表面上点的非一致性假设（inconsistent hypothesis）。Horn（1984）用扩展高斯影像（expand on the Gaussian image，EGI）来识别和定位 3D 物体。EGI 方法对凸形物体识别非常适合，因为凸形物体能由它表面上的区域（area）和方向（orientation）完全确定下来。然而对于非凸形物体，EGI 方法则不适合。一个非凸形物体的 EGI 方法是：对从特定方法可视的表面部分进行改变，并以离散视点方式建立各个视点方向的可视高斯影像（Gaussias image），然后使用可放大数据结构进行匹配（enlarged data structure）。Hebert 和 Kanade（1985）提出了用 3D 剖面图（3D-profile）方法识别物体。它仅使用 3D 边缘来描述物体，因为 3D 边缘是很容易提取出来的，通过对物体视点的明显几何特征进行单独表示和树搜索匹配算法快速实现三维物体识别。Bolles 和 Horaud（1986）提出了称为 3DPO（three-dimensional part orientation）系统来识别和定位距离数据的 3D 工业零件。3DPO 系统使用了标准的"体–面–边缘–顶点"描述和拓扑连接特征（topologically connected features）的指针构成广义 CAD 模型，拓扑连接特征类似于 Baumgart（1972）的翼边结构（winged-edge representation）。该系统中，许多明显特征是用复杂零件，而不用多面体来识别物体，且它们使用了多余的特征来辅助物体识别。

所有这些方法，除 3DPO 系统外，要么使用边缘信息，要么使用表面信息。然而两个信息的融合，尤其是从一个特定的方向看物体时，一些物体的形状非常相似或存在遮挡情况时，对识别非常有利。这是因为仅有边缘信息和仅有表面信息，在这种场合下不能有效地、正确地识别物体。3DPO 系统有效地使用了这两个信息，然而这个系统不能识别非常相似的物体，它的重点在于快速地识别复杂工业零件。

Ikeuchi（1987）研制了用于储仓器抓获机器人的识别系统。在该系统中，用不同的视角方向产生物体模型，然后将明显的形状分成几组。由于该系统的目的是储仓器抓获，所以，场景和模型中只存在一个物体。它通过提取物体表面特征，然后进行模型辅助分类。在识别过程中，根据不同的模型视点产生解译树，场景中物体的方向、位置通过解译树比较它们的表面特征和类别而得到，严格地说这不是识别系统。Fáugeras 和 Hebert（1986）研制了 3D 空间刚性物体识别和定位系统。模型物体通过点、线、面的线性特征来表示相同的特征，诸如有用的点、线、面常用来描述场景物体。这个系统使用刚性约束来引导匹配。首先，它建立场景特征与模型特征对，再使用四元法（guaternions）估计其转换，最后，通过刚体来预测和验核匹配。这个系统表明，在场景中没有遮挡的情况下，能识别比较复杂的物体。Oshima 和 Shirai（1979，1983）研制了基于模型识别的系统，该系统能识别平面和曲面物体。每个模型用关系特征图来表示，节点表示平面及光滑的曲面，弧表示相邻面之间的关系。通过联合数据驱动和模型驱动的搜索算法进行匹配。它首先提取出大的、没有遮挡的平面——核节点（kernel nodes），然后尽力去找到模型图中核节点匹配的节点作为候选点，最后采用优先深度搜索法（depth-firstsearch）进行匹配。Nevatia 和 Binford（1977）在 20 世纪 70 年代研制了利用广义柱表示来识别三维物体的系统。这个系统用距离数据作为输入，模型表示和场景描述采用不同的方法。此系统能处理人工物体，如洋娃娃（doll）和木马，其优点在于它只需要粗糙的物体特征就可识别，且不需要在模型数据库中进行搜索；其局限性就在于对复杂的物体，很难用广义柱来精确表示。Brooks（1981，1983）研制了被称为 ACRONYM 的影像理解系统。模型物体是由用广义柱描述的基本元素（primitive volumes）的多义图来表示，每个物体表示成一棵树。树的节点表示用 GSC 描述的物体的基本元素，树的弧表示它们之间的联系。其匹配是通过两步实现的，首先将预测图与影像图进行匹配，其次将局部匹配以达到整体一致性。

还有其他识别工业物体的系统，如 Gunarsson 和 Prinz（1987）建议使用 CAD 模型来定位工业零件，但仅限于一些旋转模型。Vemuri 和 Aggarwal（1988）建议通过距离影像同名点来判定物体方向，但这种方法对噪声很敏感。Flynn 和 Jain（1991a）建议从 CAD 模型中构造关系图来识别物体。Grimson 和 Lozano-Péréz（1984，1987）利用表面法线来识别和定位物体。Wong 等（1989）提出了基于属性图、属性超图来识别物体的方法。Bhanu 和 Nuttall（1989）建议用表面曲率特性和曲率图来识别物体。还有 Bolles 和 Cain（1982）、Ayache（1983）等提出的识别物体的方法。

基于 2D 形状分析识别三维物体（3D recognition by 2D shape analysis）也有大量的报道。例如，Wallace 和 Wintz（1980）采用 2D 廓影形状（silhouette shapes）的傅里叶描述来识别 3D 飞机，它首先建立 3D 飞机各个不同视角方向的 2D 形状描述库（library），然后通过输入的形状描述与描述库进行匹配，对 3D 物体进行识别。Watson 和 Shapiro（1982）用 3D 物体的 2D 投影与由封闭的、连接的曲面物体边缘组成的物体模型进行匹配来识别三维物体。输入的 2D 场景曲线用傅里叶来描述，通过比较模型曲线的 2D 透视投影与经过适当的旋转和变换的输入曲线来识别 3D 物体。Wang 等（1984）通过 2D 廓影来识别 3D 物体，每个物体由三个主轴、主要矩、傅里叶边界形状描述图组成。为了识别输入的物体，至少需要三个不同视角方向的廓影，组成廓影边界联合组成物体。Good（1983）使用多视点物体模型（multiple-view object model），每个物体由 218 个不同的 3D 视角投影组成，分割线和边缘作为形状特征，识别过程采用匹配输入物体边缘和模型物体边缘的回塑搜索算法（back trackingsearch）。Chakravarty 和 Freeman（1982）使用所谓特性视角（characteristic view）建立了多视点物体模型。每个物体由一组具有拓扑特性的透视投影图来表示，通过边缘线连接标记约束匹配来识别物体。Silberberg 等（1984）使用 Hough 变换技术，对输入的 2D 分割线和边缘连接与 3D 模型的分割线和顶点进行匹配来识别物体。

上面所述的利用 2D 形状识别物体，都不用计算 3D 物体表面数据，仅用 2D 影像提取用于识别的相关物体特征。然而，这些方法都需要 3D 物体表示来建立物体模型。另外，它们都使用从 2D 物体形状中提取的特征，直接作为物体模型。

识别的方法由于表示方案及匹配技术不同而千差万别，但概括起来，基本识别过程为：首先对一组要素进行表示，这些要素有点、线、面和体素（voxels），基于面的表示更多、更普遍；然后再表示这些要素之间的连接关系；最后通过关系结构匹配来识别 3D 物体。除本书中阐述的识别方法外，有关其他识别方法读者可参阅相关文献。

6.1.3 基本识别过程

3D 物体识别过程包括影像中的物体表示与储存模型匹配两大步骤，由于表示方案不同及匹配技术不同，带来了许多不同的识别技术。但是其识别过程可概括为：首先在 2D 影像中，选择一个基元（如表面），并提取出对识别有用的特征，如表面主方向、表面曲率、边界的描述，并对基元进行表示；以同样的方式对 3D 模型进行表示；最后寻找影像表示与模型表示的一致性匹配，以识别 3D 物体，见图 6-2。

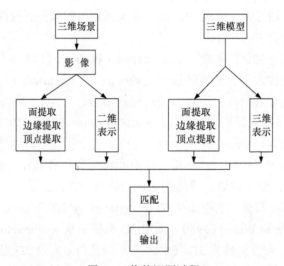

图 6-2　物体识别过程

6.1.4 用于线摄影测量的工业零件识别的特点及处理对策

用线摄影测量识别工业零件的主要任务是：对需要量测的某工业零件，用一定的方法识别该工业零件是由哪些体素组成，以便使用不同体素的线摄影测量的数学模型对其进行量测与重建。由于我们识别的任务仅限于工业零件，且场景中仅存在一个待量测的物体，它与从复杂的景物中识别某一个物体有些不同。因此，它存在以下特点。

（1）待识别的工业零件中，组成的体素是有限的。

（2）待识别的工业零件常有明显的特征，如角点、孔、表面曲率；且识别属于基于 2D 灰度影像识别 3D 物体，用不到距离影像或距离数据。

（3）待识别的场景中，只存在一个工业零件，所以，不存在一个物体遮挡另一个物体的情况，但可能存在物体的一部分遮挡另一部分的情况。

（4）待识别的是工业零件，有 CAD 模型的先验知识可以利用。

基于以上的实际情况，为了利用线摄影测量对工业零件进行自动量测与重建，作者提出了一套自动识别单个工业零件的各个组成部分（体素）的算法。该算法是这样实现的。

（1）根据复杂工业零件是由体素拼合而成且构成的体素数量有限的特点，用面解译的方式对区域进行标记解译；然后尽量识别场景中各个组成部分（体素）并判别它们的偶联关系，通过属性图、基本元素属性图、属性超图的构成，辅助进行粗识别。

（2）选择面基元，构成属性图、基本元素属性图和属性超图。属性超图的节点表示体素，弧表示体素的连接关系。并用面的特征，如面积、周长、编码、傅里叶进行描述，构成属性关系图。

（3）直接根据 CAD 的数据结构，构成属性图、视素属性图和属性超图。

（4）用回塑法寻找影像属性超图与模型属性超图的一致性匹配，从而实现工业零件各个组成部分（体素）的识别。

6.2 工业影像的解译

6.2.1 影像解译的回顾

影像解译就是要从 2D 的灰度影像、距离（或表面主方向）图像中提取描述场景的图像结构，通过低层次视觉处理获得区域（对应的基元）、区域集合（对应于物体、视素）、区域集合（对应于物体）之间的相互关系，以形成图像关系结构。影像解译又称影像理解（image understand）和场景分析（scene analysis）（徐建华，1992）。广义地说，影像解译就是要从 2D 影像中解译 3D 景物中存在哪些物体，这些物体是以什么空间位置和相互关系存在的。这类问题对人类来说很容易解决，但对目前的计算机来说却不是一件简单的事情。

影像解译的关键步骤是如何寻找 2D 图像结构与 3D 景物模型的映射（mapping）关系或匹配，这就是高层次视觉的任务。这种高层次视觉，把关于 3D 场景的模型表示、推理、知识库的理论和方法融合起来。综观目前已出现的典型计算机视觉系统，从图像解译的理论、方法来看，大部分均采用人工智能的模型、知识表示、推理、假设检验、知识库、关系结构、匹配等工具，目前还采用其他更有效的理论和方法，并作不断的更新和改进。从信息获取的手段来看，这些系统综合了灰度、多光谱（包括彩色）、距离、表面主方向等多种传感数据和估计手段，以获得关于三维场景的更完整信息。从系统的结构来看，由于在普通计算机上执行图像解译是极其费时的，少则以分计，多则以小时计，缺乏实时处理的能力，影响到实际的应用，因此采用并行处理方式。

影像解译的过程，Walker 和 Herman（1988）把利用模型驱动解译分为四级来表示这种信息转化。其四级表示框图见图 6-3。

（1）影像（images）：指原始输入影像，如单片黑白影像、单片彩色影像、立体影像对、多片影像（黑白、彩色）、灰度影像和距离影像。

（2）2D 特征（2D features）：从原始影像中提取 2D 信息，如顶点（vertices）、线（lines）、灰度均匀的区域。

（3）与 2D 特征相对应的 3D 结构（3D structure corresponding to 2D features）：3D 结构包括顶点、边缘和表面片。

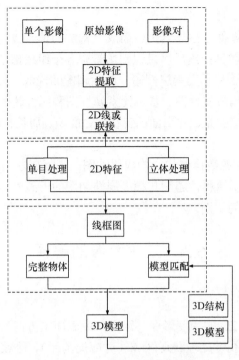

图 6-3　影像解译过程

（4）3D 几何模型（3D geometric models）：3D 几何模型也是基于边缘、基于区域或基于体积。

场景分析、场景理解和识别物体都是依靠模型的，通过人眼或成像传感器所感知到的是场景某一侧面或某一局部的图像，从图像中提取一系列结构与记忆中的模型作推理、匹配，从而对获取的图像做出解译。场景是由众多的物体组成，每一物体又由体元组成。体元之间、物体之间存在着相互关系，以构成各种场景的 3D 模型。

表示 3D 场景模型的物体或体元之间的关系和 2D 图像区域或区域集合之间的相互关系最常见的是图或有向图——树。这种图或树的表示称为关系结构，所谓关系结构又称语义网络，后者是组织和表达模型，建立复杂知识表达的重要工具（Walker and Herman，1988）。它把物体和物体之间的关系表示成图结构，而图由节点（nodes）和有标记的弧（acre）组成。通常弧表示节点间的关系，沿着它从一节点到另一节点，在节点 X 和节点 Y 之间的有向弧，标记为 L，意味着 $L(X, Y)$ =真。若取 V，则意味着存在函数关系，即 $L(X, Y)=V$。语义网一个有用的性质是它具有索引性（index），即（Walker and Herman，1988）。

（1）沿着弧作关联搜索，能建立节点之间的关系。

（2）连到某特定节点的诸节点可方便地沿弧找到。

在影像理解和机器视觉中，首先是从影像中提取出一组有效的、充足的知识表达形式，然后对其进行分析。许多影像表示形式已被用于场景分析中，一般来说结构关系应用较多。传统上，对整体影像表示有两种方法：参数法（parametric approach）和结构法（syntactic approach）。在参数法中，物体用一组特征矢量诸如颜色、大小等来表示。这是一种基本表达形式。在结构法表示中，影像特征用一组符号集来表示，这些特征的结构关系用符号集之间关系来表示（Pavlidis，1977）。目前，在影像表示中，最有生命力的表示方法是将参数表示法与结构表示法联合起来的表示方法。在这种情况下，语义信息（semantic information）以属性结构方式表示（Fu，1982，1983；Tsai and Fu，1979a，b，1983）。况且，影像特征间的语义信息与它们对应的实际情况相符。这种影像表示方法表明，它具有紧凑性、简明扼要性和表达能力强性，并能综合所有影像中的信息。Eshera和Fu（1984，1986）用多级多层的属性关系图表示方法（hierarchical multilayer schemes）来表示整幅影像。这种方法能从影像中提取整体特征信息，然后通过多级图转化成结构字符，提取出来的字符用于生成整体影像以构成属性关系图。

无论哪种表示方法，Marr和Nishihoarc（1979）认为它必须满足下列条件：

（1）这种表示方法能充分地描述，也就是说，它必须以自然的方式充分地描述影像数据。

（2）被恢复的描述一定是稳定的，以便能匹配知识库中的描述。这种稳定性包括下列三种类型：①对比例尺度化稳定，它不仅要求对微小变化不灵敏，而且能合适地概括一些细节，这就是多级（hierarchical）多比例尺（multiscale）表示；②对噪声不灵敏，要求表示方法与影像质量无关，具有抗噪性；③对视角变化稳定，要求表示方法对遮挡、阴影、旋转、透视失真不灵敏。

例如，图 6-4 是 Wang 和 Freeman（1990）给出的某物体 71 种视角不同的透视图。同一种表示方法要求对 71 种视角不同的透视影像是稳定的。

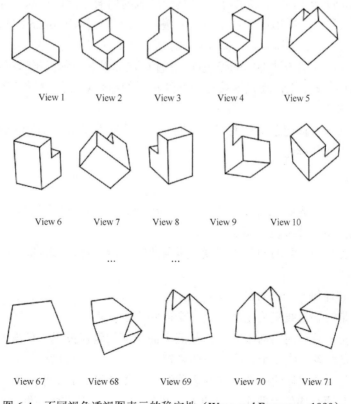

图 6-4　不同视角透视图表示的稳定性（Wang and Freeman，1990）

6.2.2 线图符号标记解译基本思想

在工业影像中，由于存在着大量的光滑表面，影像经边缘检测、区域分割等预处理后，得到的是线框影像（wireframe image）或等值线影像（contour image）。对于这类影像解译应用最多的是符号标记解译。所谓符号标记是对线框图影像的各个组成部分用符号来标记，被用来作为标记的符号有它们自己的物理含义。因而标记过程也就是对底层基元进行识别的过程。它包含在图中的知识也就是所谓的图义。用计算机把各种符号按照一定的约束条件联合起来（组合过程），因此符号标记本身就是一种识别过程（Guzma，1968）。贴标记的过程是从符号集中，按一定的条件找到一个与符号标记相符的符号，因而这也是一个在符号集中进行搜索的过程。

为了对线图进行解译，Guzma（1968）首先用标记法（labeling scheme）对多面体线图进行解译，Huffman（1971）和 Clowes（1971）考虑到 Guzma 标记法简单，提出了一整套多面体标记方案，为多面体解译建立了基础。他成功地将特征点的物理内涵赋以线图的二维特征。在此，Huffman（1971）和 Clowes（1971）提出的方法要求对象为三面顶点组成的多面体。后来，Waltz（1975）推广了 Huffman 方法使线段的标记分凹、凸棱及遮挡棱，并拓延到阴影棱（shadow edge）、裂缝棱（crack）等，因而能处理比 Huffman 更为一般的情况，但其最终顶点库有好几千个基元。此外，人们试图将这种标记技术推广至更一般的情况。例如，Turner（1974）讨论了曲面体的标记情况而导出有好几万的顶点基元库；Kanade（1978）则考虑纸折体的情况，不包括由多面体组成的室内景物；Chakravarty（1979）提出了一种基于区域的曲面体标记技术，可以处理多种类型的曲面体，且顶点分类远比 Turner 简单；潘峰（1991）在 Huffman 的标记基础上提出了 VE 码，分别表示 I 类顶点、II 类顶点、III 类顶点、IV 类顶点、V 类顶点、VI 类顶点、B 形、T 形顶点，以区别各种不同的可视面，这种标记解译对视角极不敏感；Lee 等（1985）在 Chakravarty 的基础上，通过连接标记和线标记的组合对面组进行解译，从而判断哪些面属于同一物体。

标记的方法因具体问题不同而有所不同，在本书中作者介绍 Huffman 的角度标记、直线段标记和曲面体标记。

1. 角度标记

角度符号标记集为 F、A、L、T、K、X、P，每一个符号的含义是：

（1）形成交角的交叉线的形态特点；

（2）处于交叉线两侧的面是否偶联。所谓偶联是指线两侧的面是否属于同一个块体（Huffman，1971）。

下面分别解译每一个符号的含义。

符号 F：是三条边线交叉组成，是三个面相交于一点。

符号 A：是三条边线的箭形相交，是三个面相交的侧视投影，可见的只是两个面。

符号 L：是两条边线 L 形相交，不带偶联。

符号 T：是两个块体的两个面的两条边缘投影相交形成的 T 形交叉，不存在偶联。

符号 K：是两个块体上两个平面的 K 形投影相交，不存在面的偶联。

符号 X：两个块体叠置时所形成的 X 形交线，它存在块体的面的偶联。

符号 P：是四方棱锥的顶部，属于同一块体，因而存在三个面的偶联。

这些符号各有其几何方面的不同特征，这些特征可归纳为表 6-1，其对应的图形见图 6-5。

表 6-1　符号标记的意义（李介谷，1991）

符号	相交线数	角度特征
F	3	总角度=360°
A	3	两角之和<180°
L	2	<180°
T	2	两角之和=180°
K	3	三角之和=180°
X	2 或 3	四角之和=360°
P	4	三角之和<180°

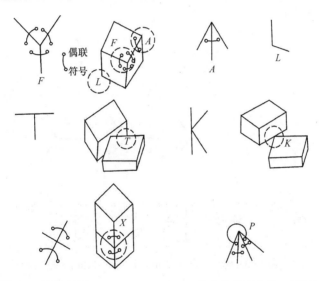

图 6-5　符号标记 F、A、L、K、X、P 的含义（李介谷，1991）

2. 直线段标记

由于客观世界的复杂性，仅对线图的角度标记是不够的，还应该对线段进行符号标记。根据 Huffman 的规定，线图中的线段是按如下规则进行标记（图 6-6）（Huffman，1971）：

（1）若线段对应空间中的凸棱，标以"+"；

（2）若线段对应空间中的凹棱，标以"–"；

（3）若线段对应空间中的遮挡棱，则标以"→"或"←"，且约定顺着箭头方向，遮挡面在人的右侧。

按照以上规则，Huffman 对所有的三面顶点在不同的顶点下所成的投影节点进行标记，而得到 12 种不同角点标记情况，再加上图遮挡形成的四种 T 形角点标记，构成了 Huffman 算法中的正则顶点库（图 6-7）。

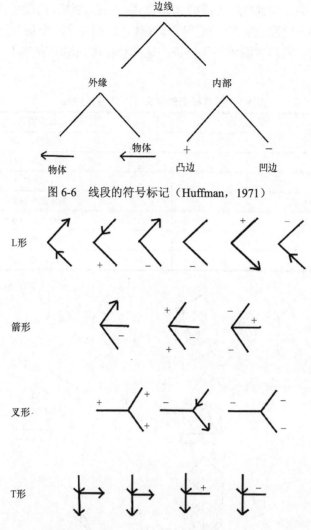

图 6-6　线段的符号标记（Huffman，1971）

图 6-7　Huffman 标记算法中的正则顶点阵（Huffman，1971）

大量实验表明，以上描述的标记方法在观察者位于一般位置，而对象为由三面顶点构成的多面体景物时，能够得到一致的标记结果。由于这种标记能将特征点的物理内涵赋以线图的 2D 特征，如线段及角点，因而在计算机影像解译中极其有用（Huffman，1971）。

3．曲面体标记

在复杂工业物体中，物体不仅仅只包含多面体，而且包含了大量的曲面体，如圆柱、圆台等。其相应的线图也不仅仅是由直线段构成，也包含曲线段。曲线段与直线段有本质的差异，而且曲面体符号标记比多面体符号标记要困难些，尤其是遮合边缘 CD 及密集标记边缘 AB（图 6-8），曲面体角点标记集为 $\{V, M, r, T, A, S, C\}$，它们各自的符号意义见图 6-9。

图 6-9 中各符号的意义如下（李介谷，1991）。

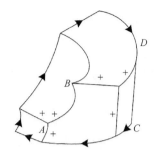

图 6-8　曲面体符号标记的难点（李介谷，1991）

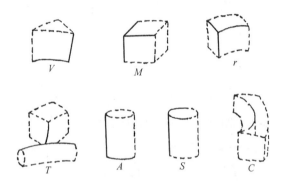

图 6-9　标记曲面体角点的符号集（李介谷，1991）

符号 V：由两条边线（其中不含遮合边界）所形成的交点。

符号 M：由三条边线（其中不含遮合边界）所形成的交点，这三条边线包含两个可见的区域。

符号 r：由三条边线（其中不含遮合边界）所形成的交点，这三条边线包含三个可见区域。

符号 T：一根线与第二根线段中间的某一位置上所形成的交点。

符号 A：两根线（其中一根是遮合边界）所形成的交点，两根线之间有一个可见的区域。

符号 S：三根线（其中一根是遮合边界）所形成的交点，并形成两个可见的区域。

符号 C：一根凹的曲线边缘与一根不可见的虚边所形成的交点。

在上述的交点集中，A 和 C 都带有遮合边界，但 A 只含一个可见区域，S 含有二个可见区域。交点 M 和 r 各相应地含有两个区域或三个可见区域，交点 V 和 T 的可见区域数未加限制。对于 T 结点来说，可能有一个面或两个面形成遮合边界。C 结点的虚拟交点就是为凹曲线而设立的，所以认为虚拟交点是符号发生变换的位置。

根据李介谷（1991）的建议："由于每个交点与可见表面数量是联系在一起的，因而对每个交点采用的标记为 N-T"。N：数码集，$N = \{1, 2, 3\}$，它代表该交点的可见表面数；J：交点特征集，$J = \{V, M, r, T, S, A, C\}$，曲面体出现的标号集见图 6-10。

李介谷（1991）为了实现曲面体由面组合成实体的标记，还制定了其结合原则：与 M、V、S、R 形交点和 T 形交点的柄的"+"号的边相邻的各个区域对应在一个封闭体（实体）上的各个面（图 6-11）。

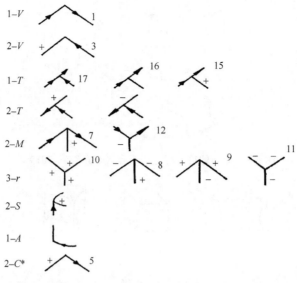

图 6-10　曲面体中可能出现的标号集（李介谷，1991）

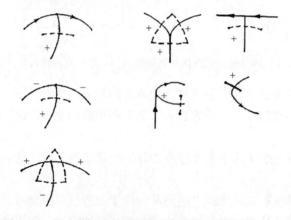

图 6-11　借以建立组合原则的现实情况（李介谷，1991）

6.2.3　面解译中的视觉心理学、生理学

任何一个物体投影到视网膜上形成像，如果观测者连续不断地改变方向，每个方向都会产生 2D 影像，这个物体可能被其他物体遮挡，甚至部分结构丢失，那么人们如何识别这个物体呢？当人们面对一个物体时，不管以前对它是否熟悉，首先要对这个物体进行分析，并分割成区域，然后将区域构成实体与大脑中已存在的知识匹配，先识别区域对应的物体，然后再结合起来，对整个物体识别。即使以前从未见过这个物体，通过上述识别过程，也可能识别出这个物体是什么。视觉心理学家 Biederman（1985）和 Leyton（1984）用 36 组物体试验这种识别过程（图 6-12 是其中一组试验）。他的研究成果表明："我们感知客观世界是根据它的'部件'（part），人类从影像知觉世界第一步是关于这些'部件'的结构。这种'部件结构'（part structure），被看成是构成我们知觉解译支柱中所形成的'构件块'（building block）"。

这种识别过程被称为从组元识别物体（recognition by component，RBC）。RBC 的贡献就在于它从知觉机制中得到特殊的组元，同时考虑如何布设这些组元，并与记忆的物体匹配，从而达到识别的目的。

图 6-12　从组元识别物体的过程（Biederman，1985；Leyton，1984）

根据 Biederman（1985）定义：组元被认为是简单的、类型对称的，如块、圆柱、圆球的物体，人们能够识别并掌握它。RBC 的基本知觉是假定在易检测、视点相对独立的退化的影像中，组元的知觉性质有差别。这些知觉的性质包括了一些被认为是传统知觉的性质，如连续性、对称性、规则化性质。因此，RBC 为经典知觉组织与模式识别之间提供了一种原则关系（Biederman，1985）：“虽然物体非常复杂和不规则，但可以通过一些简单的、规则的物体进行组合。这种规则化约束被假定为：非完备性物体却是完备性组元”。

人们热衷于用“部件结构”来描述物体的另一原因是：对于推理来说，它能提供很大的潜力，人们可以用这种方法进行常识推理、学习和模拟推理（Teversky and Hemenaky，1984）。况且，目前图形学、生态学、物理学的研究为我们提供很好的理由去相信 Biederman（1985）：“我们可以通过一些少数、常见的正式处理来描述我们的世界。也就是说，我们的世界可以用一组相对少的、反复发生的处理（弯曲、扭转、内部渗透），对复杂环境进行简单化；或者说，我们所处的复杂环境是根据有限的‘部件’，通过不同的联合方式进行‘混合’来处理的”。

人类视知觉和分类心理学家 Leyton（1984）、Hoffman 和 Richards（1985）的研究成果同样表明，物体是由表示的“部件”原型和它的配置（configuration）而组成的。“部件”是用形成物体的布尔操作组合的视素（volumetric primitives）而模型化的。在分类时，物体的变化是通过原部件的结构改变和形状变形而得到的。

基于以上分析，作者认为物体自然结构的描述与人们原始的知觉“部件”密切相连。由于一个复杂工业零件是由有限个体素经布尔操作拼合而成，它的 2D 影像经分割处理表现为区域（面）形式。正因为如此，作者有理由认为，复杂工业零件可以通过面解译进行低层次处理，因此“从部件识别物体的过程”成为作者提出面解译的视觉心理学基础（Zhou，1997）。

6.2.4　非偶然性性质

非偶然性性质（non-accidental properties）是指那些线条看起来是偶然出现，但却形成非偶然或特定物体形态的性质。它们是指直线性、曲线性、对称性、平行性、共端点性等性质。David 和 Pone（1990）及 Bieclerman（1985）对其性质进行了分类说明，作者在此基础上拓延其分类，并用实际工业零件解释其非偶然性性质（表 6-2）。

表 6-2　实际工业零件解释其非偶然性性质

	2D 影像	3D 推理	解释	实例
1	多点共线（直线）	多点共线（直线）		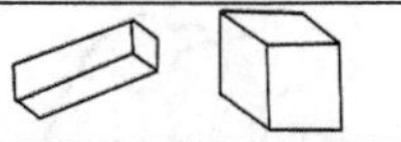
2	多点共曲线（弧）	多点共曲线（弧）	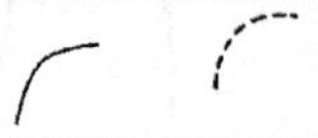	
3	多直（曲）线端点交于一点	多直（曲）线端点交于一点		
4	平行直（曲）线	平行直（曲）线	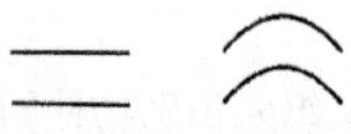	
5	连续直（曲）线交叉	两条曲线不能遮挡边缘		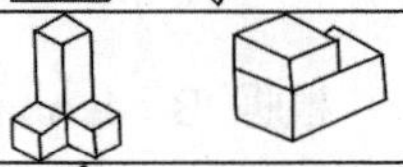
6	多条直线收敛于一点	直线平行或收敛于一点		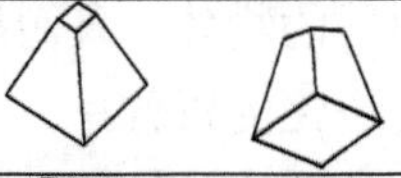
7	共线点或平行线同处一空间	共处一空间或平行线共面	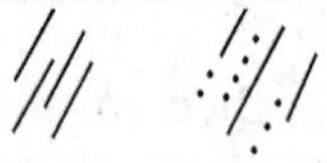	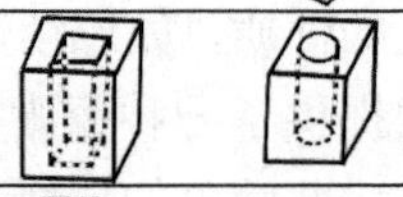
8	几何图形对称	几何图形对称	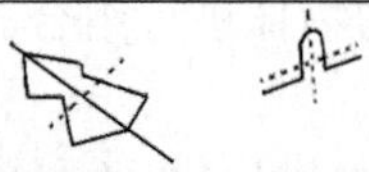	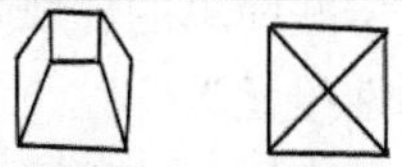
9	切线不连续的遮合线	阴影边界曲线对应几何边缘		

在工业物体图像中，经边缘提取、区域分割的线图（line drawing），构成了工业零件轮廓的几何形状，这些几何形状具有非偶然性性质。它们是在透视成像中形成的固有的一些性质，从它们的几何性质可以推理对应的空间几何形状的性质。它们为基于面解译的模型匹配奠定了基础，同时也为工业物体的面解译编码提供了依据，也为影像解译、空间推理和属性图中属性值的构成提供了依据。

6.2.5　工业零件的面解译

1. 面解译编码标记集

为了用模型匹配手段识别复杂工业零件的某个组成部分（体素），首先要构成属性图、视素属性图、属性超图。用常规方法很难正确地构成用于识别体素的属性关系图（理由见 6.3.3 节）。作者提出了面解译来辅助属性关系图的构成（为什么选择面作为解译的基元见 6.3.2 节）。在工业零件的 2D 影像中，一定数量的边界组合成面，而一定数量的面的合理布置构成体素的投影——视素，又称为基本元素（volume primitive），而一定数量的视素的合理配置，构成了一个工业零件的影像。也就是说，为了识别同一复杂工业零件上某个组成部分（体素），可以以视素作为属性关系图的节点，视素之间的邻接关系作为属性关系图的弧。然后将影像属性图与直接从 CAD 数据结构构成的模型属性关系图匹配，从而识别体素。这种做法的优点是：

（1）不同种类的体素是少的，其对应的视素是有限的；

（2）CAD 中的体素相互独立，在模型匹配时，可直接搜索；

（3）更重要的是，能直接应用线摄影测量的数学模型来量测和重建工业零件。

这一节主要讨论面解译，为此，作者选用了十种常见的体素（图 6-13）。当视点处于一般位置时，其体素经透视成像以后可能出现的视素，如图 6-14 所示。由于视素可以看成是一定数量的面按一定的配置构成，因此，经归纳总结可得出 11 种可视面（图 6-15）。这 11 种可视面的特点是：

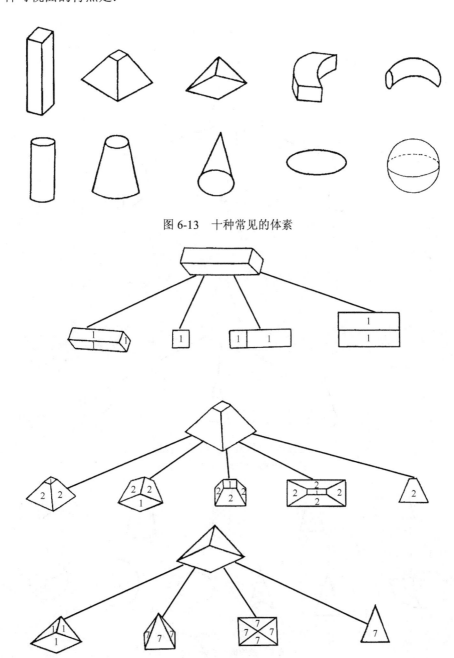

图 6-13 十种常见的体素

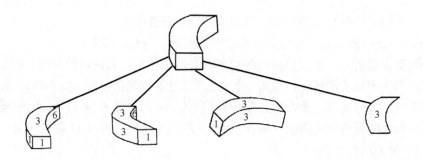

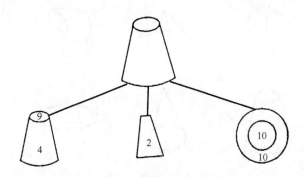

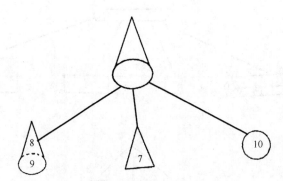

图 6-14　体素可能出现的投影

其中阿拉伯数字为编码标记

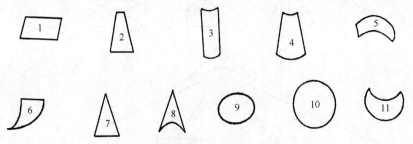

图 6-15　可视表面的编码标记集

其中阿拉伯数字为编码标记

（1）由四条边组成，其中两对面边平行，且都是直线。

（2）由四条边组成，其中一对面边平行，另一对面边收敛于一点，且边都是直线。

（3）由四条边组成，两对面边平行，其中一对面边是直线，另一对面边是曲线。

（4）由四条边组成，其中一对面曲线边平行，另一对面直线边收敛于一点。

（5）由四条边组成，两对面边都平行，且边都是曲线。

（6）由三条边组成，一条底边是直线，另两条边是曲线。

（7）由三条边组成，三条边都是直线。

（8）由三条边组成，一条底边是曲线，另两条边是直线。

（9）由椭圆组成。

（10）由圆组成。

（11）由两条曲线边组成。

这 11 个可视面构成了工业零件面解译标记集的基础，为此对这 11 个面进行编码，其编码的原则是：

（1）线段的边的数量作为编码的第一位数，如某面由四条边组成，则第一位数为 4，以此类推。

（2）如果边为直线，则编码为 1，如果边为曲线，则编码为 0。

（3）如果面是由四条边组成，对面边平行，编码为 1；对面边收敛于一点，编码为 0。

（4）如果上述编码为 10，则可能是椭圆或圆，这时，计算曲线边上任意两点的曲率，如果任意两点曲率相等则编码为 10c；如果任意两点曲率不相等，则编码为 10e。

（5）如果面的边数不是四条边，则说明该面可能是体素经布尔操作后拼合的面的投影，其编码原则是：线段的数量构成编码的第一位数，直线边的编码为 1；曲线边的编码为 0。

对此，上述 11 种可视面的编码构成了面解译的编码标记库，其编码为：①4111111；②4111101 或 4111110；③4101011 或 4010111；④4101001 或 4010110；⑤4000011；⑥3100 或 3001 或 3010；⑦3111；⑧3011 或 3110 或 3101；⑨10e；⑩10c；⑪20。

对于不是由四条边构成的面，如图 6-16 所示的工业零件，区域 1 按编码规则 5 进行编码，得其编码为：811110111 或 801111111 或 8101111111 等。

图 6-16　多边形工业零件

2. 面解译编码组合原则

在编码标记库内，某一个编码可能是体素的 2D 投影，即视素。但是在多数情况下，相邻的两个编码组合才能构成视素，如图 6-16 所示，区域 2 和区域 3 的组合才是视素——圆柱。因此，在构造视素属性图或识别视素时，我们还必须研究这些编码标记库内编码之间的组合关系。

作者研究了如图 6-13 所示的十种体素可视面的组合关系，得出了编码库内 12 种编码之间的组合关系，并建立了 12 种编码组合码标记库，其编码组合标记库如图 6-17 所示。

组合码的构成规则是：以编码标记库内的编码序号作为码，如组合码 11 是在编码库内，两个编码为 4111111 的组合。其他组合码的构成如此类推。对于由多个面组合的视素，其组合码构成规则是：如果存在多个面相邻，且这些相邻的面的编码只有一个编码不同，而其他面的编码相同，那么这几个相邻的面组合成的几何图形是视素。例如，图 6-18 的棱台、棒条，其组合码为 1222 和 133。它们只有一个不同的编码 1，其他都是相同的码 2 或 3。

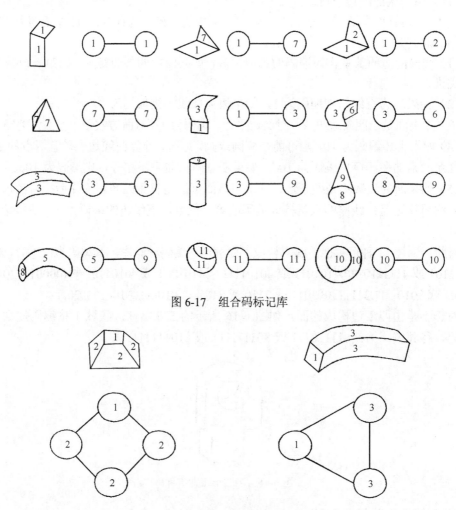

图 6-17　组合码标记库

图 6-18　多可视面组合原则

3. 面解译编码分割原则

利用编码标记原则、编码组合原则可以对一些工业零件进行编码。但是，客观世界是极其复杂的，在某些体素与体素拼合过程中，其表面是平滑过渡，经区域分割可能得到一个区域，但实际上是由两个体素拼合而成。图 6-19 中的工业零件，其影像经区域分割后得到区域 3。事实上，区域是由圆柱与立方体拼合而成，这时编码标记原则和结合原则都无法正确地解译此区域。但是尽管类似这类区域令人费解，然而其还是有规律可寻的。大量的类似这类区域表明：如果某区域是由两个体素拼合而成，则在该区域内，相邻线段码会出现成对，且该线段码不与成对相邻线段的线段码相同。因此，为了成功地对该区域进行面解译，作者提出了面分割原则。其分割原则是：在某区域中，相邻的线段构成线段对，如果线段对内线段码相同，且其码不同于该线段对相邻线段的码，则该区域是由多个体素经布尔操作拼合而成。其中该线段对为某体素经透视成像后的影像。将该线段对首尾用直线相连，实行区域分割，然后将分割后的区域重新编码。如果还存在类似的区域，则按同样方法处理，直至分割完毕。

图 6-19　面解译编码分割原则

4. 实例分析

通过上面建立的编码标记库和编码组合标记库及编码分割原则，就可以对各种复杂工业零件进行面解译。对于在标记库内无法对应找到的码，它视为一个视素，如图 6-20 所示的工业零件，其各个面的编码如下。

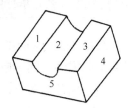

图 6-20　面解译的实例分析

（1）面 1：4111111；

（2）面 2：4101011 或 4010111；

（3）面 3：4111111；

（4）面 4：4111111；

（5）面 5：5111101。

对于组合码，由于相邻面的编码不满足多个编码组合原则。因此，不存在组合码，即各个面就视为一个视素。

6.3　基于面解译的属性关系图

6.3.1　属性图、视素属性图、属性超图的定义

Wong 和 Lu（1983）、Wong 等（1989）对属性图、视素属性图、属性超图的定义作

了如下阐述。

定义 1： 属性对（an attribute pair）：是一有序对 (A_n, V_d)，A_n 是物体的属性名，V_d 是属性值，如描述某表面 $S = ($区域，$30)$，区域为属性名，30 为属性值（区域面积）。

定义 2： 属性集（an attribute set）：是 m 个属性对组成的集合 $\{p_1, p_2, \cdots, p_n\}$。在集合内，每个元素是属性对，属性集记录一个物体所有的特性，如描述一个红色三角形 S：

s： {（颜色，红），（类型，三角形），（面积，30）}。

定义 3： 属性图（an attribute graph）：用图来表示物体的属性称为属性关系图。表示为 $G = (V, A)$，$V = (V_1, V_2, \cdots, V_n)$ 是节点集合，$A = (A_1, A_2, \cdots, A_n)$ 是属性边，称为分支（branch）或弧。

定义 4： 视素属性图（an primitive attribute graph）：是表示视素（volume primitive）的属性图，表示一组可视表面的属性名，是可视表面的连接关系。

定义 5： 属性超图（an attribute hypergraph）：是由一组超节点（hypernode）和超边（hyperbranch）组成的。每个超节点表示一个视素属性图，每个超边表示属性节点间的关系，它同样表示两个视素属性图之间的连接关系。

利用这些定义，我们可以对一些简单的、规则的工业零件构成属性图、视素属性图、属性超图。例如，图 6-21（a）是某工业零件，其对应的属性图、视素属性图、属性超图见图 6-21（b），其中，①，②，③…是属性图节点，e_1 是视素属性图，整个图是用属性超图表示的。

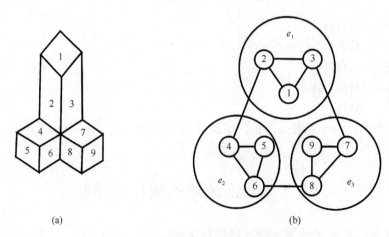

(a)　　　　　　　　　　(b)

图 6-21　属性图、视素属性图、属性超图

6.3.2 基元选择解释

在构造属性图、视素属性图及属性超图时，首先要考虑如何选择基元（节点所代表的东西）。先看一个实例：图 6-22 是某工业零件的 2D 影像，其有 15 个顶点、18 条边、六个面、两个六面体。如果分别选择顶点、边、面、体素作为基元，就可以构造下列四种形式的属性关系图。这个例子说明，对于一个物体，可以以顶点、边、面和体作为基元构成属性关系图，但究竟哪一个能更好地反映 3D 物体属性呢？在距离影像中，最直观的是表面信息，因为距离影像中区域的 3D 形状与物体模型中 3D 形状直接对应。而且由于表面信息能明显地表示物体，所以通过表面特性及几何形状识别物体就显得容易（Besl and Jain，1986；David and Ponce，1990；Fan et al.，1989；Wang and Iyengar，1992；Nakamura et al.，1988；Weiss，1988）。这是因为经典的微分几何为光滑表面提供了完备的局部描述，它指导人们选择表面特性，如平均曲率（mean curvature）、高斯曲率（Gaussian curvature）。高斯曲率、平均曲率可以通过表面的数学模型推导出来，这些特性对于参数变化、平移、旋转来说是稳定的。一种稳定的 3D 识别系统是视点独立，使用表面不变的特性（高斯曲率、平均曲率）来识别物体（甚至在遮挡的情况下）。这种通过表面特性来识别物体的方法称为基于表面的识别（surface-based recognition），它与传统的基于边缘（edge-based recognition）识别物体的方法相对应（Galvez and Carton，1993；Reeves et al.，1988；Stokely and Wu，1992）。

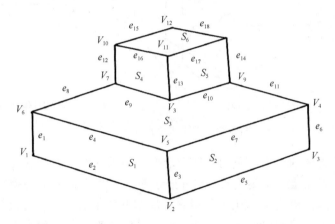

图 6-22　选择不同的基元（Galvez and Carton，1993；Reeves et al.，1988）

如果选择表面描述来表示物体，表面不连续（如阶跃边缘、裂缝边缘）时可将表面进行分割，因为他们隐含了 3D 物体表面特征。对于一个具有复杂表面的物体，就可以通过局部特征来判定表面边界，也就是通过边界来判定表面性质，如（Fan et al.，1989）：

（1）阶跃边界，表面不连续，在边界处产生零交叉。

（2）裂缝（crack），对应着表面方向不连续，在表面某点处曲率取极大值。

另外，表面法矢量也用来分割物体表面（Nakamura et al.，1988），傅里叶变换（Fourier transform）（Weiss，1988）、三维矩（3D moment）（Reeves et al.，1988）也常用来分割表面和识别物体。

再说，同一物体选择顶点、边、面和体作为基元时，以面作为基元具有节点数少、简明紧凑、容易构成属性关系图（属性值）等优点（图6-23）。

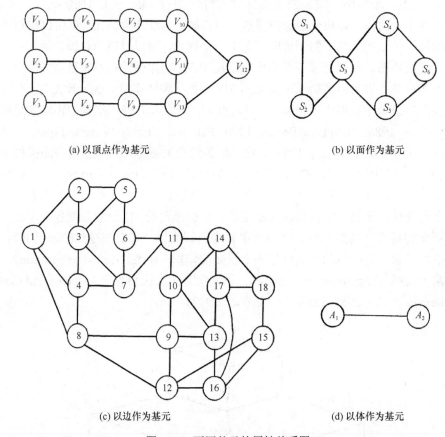

(a) 以顶点作为基元

(b) 以面作为基元

(c) 以边作为基元

(d) 以体作为基元

图6-23　不同基元的属性关系图

基于以上多方面的原因，我们有理由选择可视表面作为属性基元，这时节点表示表面块，边表示表面块的连接关系。这种描述的丰富性（riches）使得它对类似物体也能识别；同时它的稳定性（stable）使得它对局部变化不敏感，不会引起描述的巨大改变。根据它的特征，我们可以重新构造它封闭的原始表面。这种表面描述比边缘描述近了一步，它相对于体描述（volume description）来说，对于小的视觉变化是稳定的（Nevatia and Binford，1977）。

6.3.3　面解译辅助属性关系图构成—问题提出

有了属性图、视素属性图、属性超图的定义，以及选择面作为属性基元，很容易对图6-21（a）和图6-24（a）中的工业零件构成属性图、视素属性图、属性超图。但对图6-25所示的三种工业零件，直接按上述定义很难构成视素属性图和属性超图（图6-26），因此，也无法识别。

这三个工业零件都是立方体与圆柱经布尔操作产生的。我们假设三个工业零件经区域分割后得到的区域分别为零件a：1，2，3，4，5；零件b：1，2，3，4；零件c：1，

2，3，4。它们对应的区域编码分别如下。

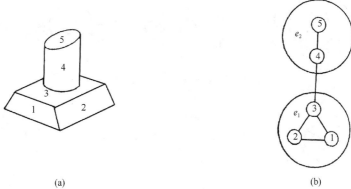

图 6-24　工业零件的属性关系图

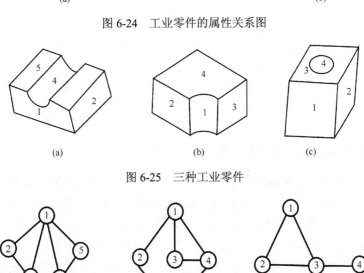

图 6-25　三种工业零件

图 6-26　工业零件对应的属性关系图

1）零件 *a*

区域 1：6111011；区域 2：4111111；区域 3：4111111；区域 4：4101011；区域 5：4111111。

2）零件 *b*

区域 1：4101011；区域 2：4111111；区域 3：4111111；区域 4：5101111。

3）零件 *c*

区域 1：4111111；区域 2：4111111；区域 3：4111111；区域 4：10c。

所有这些编码，除了零件 *a* 中的区域 1 的编码在编码库中找不到对应编码外，其余均能在编码库中找到它们对应的编码，而且这些编码的组合均失败，因此每个区域视为一个视图。通过这种面解译，很容易构成视素属性图、属性超图（图 6-27），也很容易识别这三个零件是由立方体与圆柱经布尔操作产生的（图 6-28）。

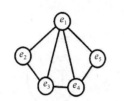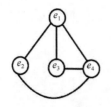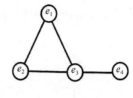

图 6-27　视素属性图、属性超图

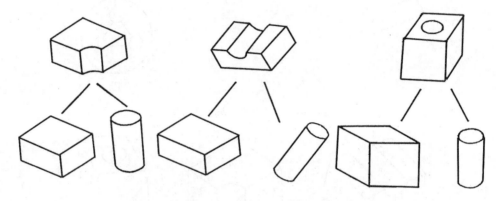

图 6-28　不同的零件由相同的立方体和圆柱体拼合而成

6.3.4　基于面解译的属性关系图构成

正如 6.3.3 节所讲，在影像表示中，目前最有生命力的表示方法是将参数表示法与结构表示法联合起来进行表示。这时语义信息以属性结构方式来表示，这种以属性表示的结构关系称为属性关系图（attribute relation graph，ARG），ARG 又称语义网（Chakravarty, 1979）。属性关系图包含一组节点（nodes）和一组表示节点间关系的分支（边）（branch）组成的关系结构，节点和边分配一些属性值，通过节点表示影像中的物体或物体的一部分，它的特性由每个节点的属性值来表示。

不同的目的、不同的任务在构成属性图时，其构成规则、规定是完全不相同的。由于这里构成属性关系图的目的是识别工业零件的各个组成部分，因此，最关键的是要构成视素属性图和属性超图，但它们又以属性关系图为基础，为此，必须研究属性图的构成，在本书中作者制定了如下规则。

（1）将构成物体的表面作为属性关系图的节点（以面作为基元）[图 6-29（a）]。
（2）将表面与表面相交的边界作为属性关系图的分支（边）[图 6-29（b）]。
（3）将边界所围成的面所包含的信息，如边的数目、边的类型作为节点子集[图 6-29(c)]。
（4）将边界所围成的环的信息，如内环、外环作为节点的子集 [图 6-29（d）]。
（5）将面与面相交的边界所包含的信息（边界类型）作为边的子集 [图 6-29（e）]。
（6）将面与面相交的边界两端点的信息作为边的子集 [图 6-29（f）]。

另外，对属性值还制定了如下规则。

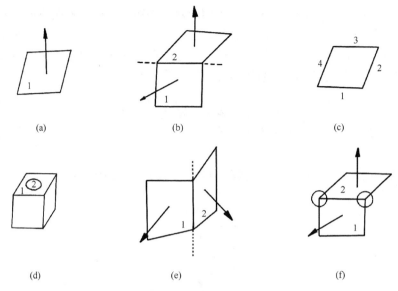

图 6-29 属性关系图构成规则

1. 对面所包含的信息制定如下的规则

（1）将面的边界所构成的编码作为属性值。
（2）将面的面积作为属性值。
（3）将面的周长作为属性值。
（4）将面的质心（X_c, Y_c）作为属性值。
（5）将面的方向角 θ 作为属性值。

其中，$X_c = \dfrac{M_{10}}{M_{00}}$；$Y_c = \dfrac{M_{01}}{M_{00}}$；$\theta = \dfrac{1}{2}\arctan\left(\dfrac{2M_{11}}{M_{20} - M_{02}}\right)$。$M_{ij}$ 为区域第 i, j 阶中心矩：

$$M_{ij} = \sum_{(x,y)\in R}\left(X_c - X\right)^i\left(Y_c - Y\right)^j$$

2. 对内、外环所包含的信息制定如下的规则

（1）内环：属性值为 1，表示环为孔相交。
（2）外环：属性值为 0，表示环为表面的边界。

3. 对面与面相交的边界所包含的信息制定如下的规则

（1）将面与面相交的边界数作为属性值。
（2）将面与面相交的边界类型（码）作为属性值。码为 1 表示直线；码为 0 表示曲线。
（3）将面与面相交的直线斜率作为属性值。
（4）将面与面相交的曲线曲率作为属性值。
（5）将面与面相交的线两端点坐标 $\left(X_a, X_b\right)$、$\left(X_c, X_d\right)$ 作为属性值。

根据上面制定的这些规则，可以很方便地对一些影像构成属性关系图。但是属性图不用描述节点之间的连接关系，因为我们是用属性超图与模型图匹配，借助于面解译及编码组合原则，构成了视素属性图，并构成属性超图。这样必须描述超节点与超节点之间的连接关系，对其超节点的属性值制定以下规则。

（1）将通过编码组合而粗识别的体素作为属性值。
（2）将编码组合后的组合码作为属性值。

通过以上对属性关系图制定的规则，可将属性超图的构成过程表示为图 6-30。

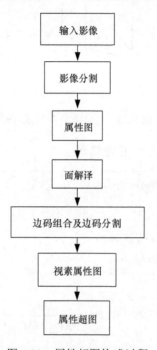

图 6-30　属性超图构成过程

例如，对图 6-31（a）所示的工业物体，经区域分割后得到五个区域：1、2、3、4、5，将五个区域构成属性图并进行编码如下。

区域 1：811110111；

区域 2：511111；

区域 3：511001；

区域 4：20；

区域 5：20。

将区域编码在编码库中进行搜索，发现只有区域 4 和区域 5 有其对应的编码，且符合组合原则，因此，根据以上规则可知，该影像对应于某一体素。区域 3 是由两条凸曲线边和三条直线边构成的，根据面解译分割原则，可细分为区域 6。所以区域 3、区域 6的编码变成：①区域 3：41111；②区域 6：3100。区域 3、区域 6 在编码库内均能找到其对应的码，这样就可以视为视素，其属性图、视素属性图、属性超图见图 6-31（b），对应的描述如下。

区域1={（码，8111101111）；（面积，800）；（周长，400）；（重心，3749）；（方向角，89°）}。

区域2={（码，511111），（面积，410）；（周长，280）；（重心，2763）；（方向角，91°）}。

区域3={（码，41111）；（面积，490）；（周长，360）；（重心，3958）；（方向角，90°）}。

区域4={（码，20）；（面积，120）；（周长，80）；（重心，2940）；（方向角，60°）}。

区域5={（码，20）；（面积，100）；（周长，70）；（重心，3142）；（方向角，61°）}。

区域6={（码，3100）；（面积，300）；（周长，240）；（重心，20.43）；（方向角，160°）}，其属性超图，见图6-31（b），超节点连接描述如下。

e_{12}={（边数，2）；（边数1类型，1）；（边数2类型，1）；（边数1斜率，89）；（边数2斜率，30）；（边数1坐标，80530943）；（边数2坐标，69347035）}。

e_{13}={（边数，1）；（类型，1）；（斜率，89）；（坐标，70354335）}。

e_{16}={（边数，1）；（类型，0）；（曲率，50）；（坐标，43353815）}。

e_{14}={（边数，1）；（类型，0）；（曲率，60）；（坐标，39633963）}。

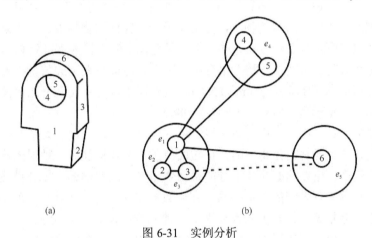

图 6-31　实例分析

6.4　从 CAD 的数据结构到模型属性关系图（视觉模型）

6.4.1　概述

经典的 CAD 模型，像 CSG、B-rep 没有明显地表示视觉处理所需要的特征（几何特征、拓扑特征），也就是说，CAD 模型与视觉模型之间没有明显的关系（Bhanu and Ho，1987），这就意味着识别系统与 CAD 数据库是独立的。传统的 CAD 描述是表示 CAD 的几何性质，包括面、边、点的数据结构。然而，利用计算机视觉处理，如识别机器人装配、制造、操纵等都需要高级语义特征。这些高级语义特征必须从 CAD 中提取出来，以便进行有用的计算机视觉处理。

许多研究工作者已经使用 CAD 数据进行物体特征识别。例如，Woo（1982）使用体积（volume）来描述物体，并用凸壳技术和布尔差操作方法产生 CSG 凸体积树。Kyprianou（1980）和 Staley（1983）应用语义模式识别技术，定位轴对称棱形或凸形物体，并用逻辑语法和专家系统来提取影像特征。Joshi（1987）发展了邻接属性图来表示"部件"（part）。Lee 和 Fu（1987）从 CSG 树中提取一些联合特征。Liu 和 Chen（1988）提出了在距离影像中，基于 CSG 的识别方法。首先对距离影像进行分割，将 CSG 中的并（union）称为正（positive），差（difference）称为负（negative），再构成关系图。Hansen 和 Henderson（1989）提出了直接从 CAGD 中产生的视觉模型的方法，包括 CSG、B-rep、广义柱、广义高斯影像。Flynn 和 Jain（1991a）描述了使用多面体近似、几何推理技术，从 CAD 模型直接构成关系图，以便识别三维物体。Marefat 和 Kashyar（1990）分析了如何从边界表示的多面体中提取用于识别的形状特征，并重点讨论了凹形物体、相交形物体的特征提取算法。Floriani（1989）提出了一种从物体边界模型中提取特征，构造一个多级 B-rep 描述的方法。它从物体边界模型中提取形状信息（主要是基于拓扑信息），同时还把特征分为 DP（protrusions depressions）特征和 H（holes and handles）特征。DP 特征在物体上定义单个内环分量；H 特征在物体上定义两个或更多的内环分量。

边界模型有许多适合于描述和识别所需要的特征。对于每个细节，Besl 和 Jain（1986）认为边界模型能描述任意形状的物体，它定义了一个完整的物体表示。如果物体边界被划成最大的连接面时，其表示方法是唯一的、完整的。唯一性能保证物体和其边界一一对应，尤其是在编码、识别、匹配上很有用。由于它能减少表示的数量，因此能回避多余的拓扑和几何信息（Besl and Jain，1986）。边界模型目前主要用于几何模型表示，它自然而然地用于视觉模型（Besl and Jain，1986）。

从以上研究工作者的研究中可以看到：边界模型在特征提取、关系图构成中起着非常重要的作用，这主要是因为物体的特征与面有关。拓扑特征是一种形式特征，它影响着物体的拓扑性质。边界模型的基本特征是物体边界的几何描述与拓扑描述分开，拓扑信息描述相邻边界元素之间的邻接关系；几何数据定义了每个拓扑元素的形状和位置，即使几何元素不够精确，拓扑关系也能提供一种表示物体的稳定方法。

作者在本书中提出了利用 CAD 系统中 CSG 和 B-rep 的数据结构直接构成属性图、视图属性图、属性超图，下面将逐一描述。

6.4.2 从 CAD 的结构数据到模型属性关系图

由于线摄影测量所采用的 CAD 模型是基于 CSG 和 B-rep 表示的，也就是说，在 CAD 系统中，一个物体被看作是由体素经布尔运算获得的，而体素是用 B-rep 描述的。由于在 CAD 系统中，为了从几何上完整地描述一个物体，除几何信息外，还希望能获得更有效地反映几何元素的层次和连接关系的拓扑信息（Zhou，1997）。例如，一个顶点与几条边和几个面相连、一条边与哪些面相连、一个面由几个顶点和几条边所组成等。在 CAD 系统中，表示边界模型拓扑信息的方法是翼边结构［图 6-32（a）］。翼边结构描述物体的方法是（Baumgart，1972）：将每个物体存储信息分为体表、面表、环表、边表，以及顶点表五个层次；同一层次的几何元素之间采用链表结构，其中面表、边表、点表采用双链表结构；体表和环表采用单链表结构［图 6-32（b）］。根据这些规则，就可以根据翼边结构的数据结构直接构成属性关系图。由于其数据结构均是体表、面表、环表、边表、顶点表五个分层语句描述，所以属性关系图的构成规则是：属性超图-视素属性图（属性图）直接从 CAD 翼边结构的数据结构构成属性关系图，其构成规则与 6.3.4 节描述的构成规则是完全一样的，只是其属性值规则稍有不同，其规则如下。

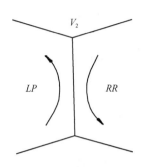

(a) 翼边结构 (Baumgart, 1972)

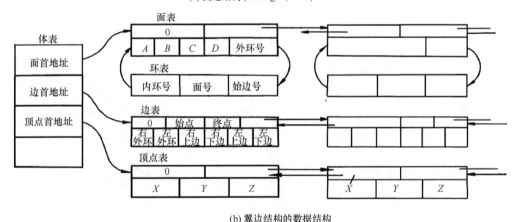

(b) 翼边结构的数据结构

图 6-32　翼边结构及其数据结构（任仲贵，1991）

1. 面所包含的信息规则

面的边界所构成的编码作为属性值。

2. 内、外环规则

（1）内环：属性值为 1，表示环为孔相交。
（2）外环：属性值为 0，表示环为表面的边界。

3. 面与面相交的边界所包含的信息规则

（1）将面与面相交的边界数作为属性值。
（2）将面与面相交的边界类型作为属性值，直线属性值为 1，曲线属性值为 0。

例如，图 6-33（a）是某工业物体及相应的边界表示，根据以上制定的规则，图 6-33（b）是其对应的属性超图，图 6-33（c）是其对应的属性图。其描述为：

$$e_1=\{（类型，圆柱体）\}$$
$$e_2=\{（类型，立方体）\}$$
$$e_{12}=\{（类型，0）；（曲率，50）\}$$
$$F_1=\{（码，4111111）\}$$
$$F_2=\{（码，4111111）\}$$
$$F_3=\{（码，4111111）\}$$
$$F_4=\{（码，4111111）\}$$
$$F_5=\{（码，4111111）\}$$
$$F_6=\{（码，4111111）\}$$
$$\mathrm{LP}_{顶}=\{（码，10c）\}$$
$$\mathrm{LP}_{底}=\{（码，10c）\}$$
$$\mathrm{LP}_{前}=\{（码，4101011）\}$$
$$\mathrm{LP}_{后}=\{（码，4101011）\}$$

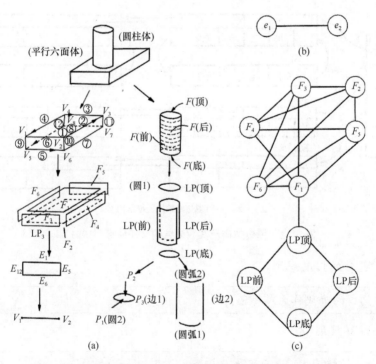

图 6-33　边界表示的数据结构及属性关系图（任仲贵，1991）

关于节点与节点之间邻接关系的边的描述，可由翼边结构直接获得。因为翼边结构是以边为核心，每条边有上下两个顶点、左右两个邻面，以及和顶点相连的四条边 [图 6-32（a）]。这些边分别在两个邻面的边构成的环上，它建立起边与顶点、边与边、边与面的关系。有了这种关系的数据结构，就可以构成属性关系图中节点与节点邻接关系的边。例如：

$$F_{13}=\{（边数，1）；（类型，1）\}$$
$$F_{14}=\{（边数，1）；（类型，1）\}$$
$$F_{15}=\{（边数，1）；（类型，1）\}$$
$$F_{16}=\{（边数，1）；（类型，1）\}$$
$$F_{23}=\{（边数，1）；（类型，1）\}$$
$$F_{24}=\{（边数，1）；（类型，1）\}$$
$$F_{25}=\{（边数，1）；（类型，1）\}$$
$$F_{26}=\{（边数，1）；（类型，1）\}$$

其他如此类推：

$$LP_{顶前}=\{（边数，1）；（类型，0）\}$$
$$LP_{顶后}=\{（边数，1）；（类型，0）\}$$
$$LP_{前底}=\{（边数，1）；（类型，0）\}$$

其余如此类推。

6.5　模型属性图与影像属性图的关系

为了解决 3D 模型与 2D 影像之间的匹配，传统的方法是在 2D 影像中提取 2D 特征，然后与 3D 模型进行匹配。对于复杂的工业物体，仅用 2D 特征来寻找 3D 模型与 2D 影像的对应关系是很困难的，况且不同的模型可能导致相同的特征。为此，Wang 和 Jacobsen（1992）提出了 3D 物体用模型图表示，2D 影像用投影图表示的方法。在这个模型图中，节点表示 3D 模型的顶点，边表示 3D 顶点之间的连接。在这个投影图中，节点表示 3D 顶点在 2D 影像的投影的影像，边表示 2D 影像中两个顶点的连接，并提出了投影图是模型图的子图同形。那么作者在本书中提出的以面为基元的投影图与模型图之间存在什么关系呢？

复杂的工业物体是由平面和曲面构成的，不失一般性，我们限制所分析的工业物体是：一种是顶点是由多于三个表面构成，边缘是由两个相交的表面构成，而且定义虚拟边缘（virtual edge）是过投影中心与表面切线方向的点组成的集合；另一种与虚拟边缘相对应的是物体边缘（physical edge），物体边缘是表面法方向不连续的地方，因此又称屋顶边缘（roof edge），虚拟边缘不表现出这种性质。物体边缘、虚拟边缘都能投影成直线或曲线。设某一工业物体［图 6-34（a）］，直接利用 CAD 的数据结构构建成如图 6-34（b）所示的语义网，又称模型图。在这个模型图中，节点表示 3D 物体的面（face），边（branch）表示 3D 物体中两个相邻面的公共边缘。边缘可能是直线，也可能是曲线；面可能是平面，也可能是曲面。而且我们分析的面不只局限于只有虚拟边缘所组成的面，它可以是由物体边缘组成的面，或物体边缘与虚拟边缘共同组成的面，所以，以面为基元的模型图能很好地反映 3D 物体面的拓扑性质。

从模型图所表示的意义可知，模型图实际上是反映 3D 物体面与面的结构关系的关系图。如果给每个节点赋予一定的属性（属性名、属性值），则称为属性关系图。而且

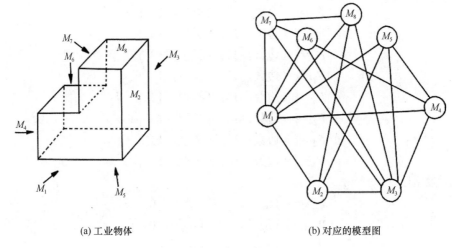

<table>
<tr><td>(a) 工业物体</td><td>(b) 对应的模型图</td></tr>
</table>

图 6-34　工业物体的模型图（Wang and Jacobsen，1992）

在这个图中，3D 物体的每一个面对应唯一的节点，每一条边缘对应唯一的边，我们可以得出如下定理（Wang，1992）。

> 定理 1：模型图中，节点总数等于 3D 物体面的总数。

> 定理 2：模型图中，边的总数等于 3D 物体中物理边缘的总数。
> 　　面是由物理边缘围成的，或是由物体边缘与遮挡边缘围成的区域，因此模型图中每个节点所连接的边数等于该面内物体边缘总数。

> 定理 3：模型图中，每个节点的连接边数等于该节点所表示的表面内所有物体边缘总数。

因此，投影图是由 3D 物体投影的二维线图构成，在投影图中，节点表示 2D 线图的可视面（3D 物体投影），边表示两个可视表面的公共边缘。对于 S 形标记和 L 形标记，如果它们围成的区域含有物理边缘，应设置节点（Wang，1992）（图 6-35）；对于 T 形标记的表面，同样设置节点（Wang，1992）（图 6-36）。

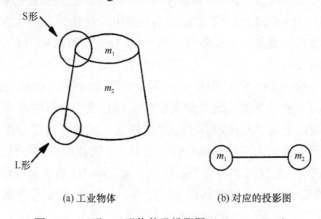

<table>
<tr><td>(a) 工业物体</td><td>(b) 对应的投影图</td></tr>
</table>

图 6-35　S 形、L 形物体及投影图（Wang，1992）

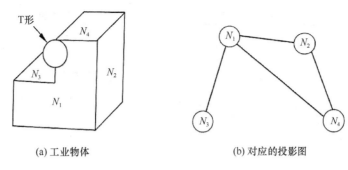

(a) 工业物体   (b) 对应的投影图

图 6-36 T 形物体及其投影图（Wang，1992）

对于 T 形连接，它包含了一个面遮挡另一个面的信息，其隐含关系放在属性中，但是根据 T 连接的特点知道：T 形连接的面中存在遮挡的面、边缘和顶点，但无论从哪个方位进行投影，面与面之间的连接关系都不会改变。因此，我们可以得出以下定理。

定理 4：从 3D 空间到 2D 空间的投影不会改变面的拓扑关系。2D 空间仅仅是隐藏了一些面、边缘和顶点。这些面、边缘、点在计算机图形学中称为隐藏面、隐藏线、隐藏点。

由于在投影图中，每个节点对应模型图中唯一的节点，连接两个节点的边对应于模型图中连接两个节点的边。因此，我们可以得出以下定理。

定理 5：从 3D 物体的 2D 投影线图中构造的投影图是 3D 物体构造的模型图的子图同形，也就是说，投影图是模型图的一个子图。

具体如图 6-37、图 6-38 所示。

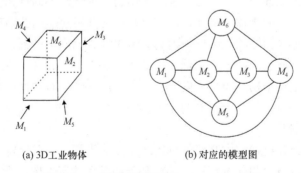

(a) 3D 工业物体   (b) 对应的模型图

图 6-37 3D 物体及模型图（Wang，1992）

显然，投影图的节点数和边数比模型图的节点数和边数要少，图 6-37、图 6-38 的例子说明了所有可能视点的投影图都是模型图的子图同形。由于不同的物体，其 2D 线图也许相同，所以投影图对模型图的匹配并不充分（Wang，1992）。一个投影图可能匹配更多的模型图，投影图仅仅是传递有关在 3D 空间内，物体的面、面与面的连接，可视表面的边界数、类型等的拓扑信息，因此子图匹配又是拓扑匹配。

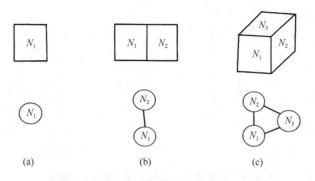

(a)   (b)   (c)

图 6-38   2D 投影及投影图（Wang，1992）

> 定理 6: 在投影图与模型图之间的子图图形对于 2D 投影匹配 3D 物体来看是必要条件，而不是充分条件。

    基于以上分析，模型匹配变成了拓扑匹配，拓扑匹配变成了在模型图中寻找投影图的子图同形，也就是说模型匹配实质上是根据投影图恢复 3D 物体的拓扑信息。

6.6   属性关系图匹配

6.6.1   图匹配的必要性—问题提出

    图匹配不是低层次上的像素点的匹配，而是高层次上图像内容理解性的匹配，是计算机视觉中一种高级图像解译技术。由于描述图文法（graph grammar）的方式不同（如结构关系图、属性关系图），因此，定义一个图匹配的具体形式也不同（Pavlidis，1977；Shapiro，1980；Fu，1982）。对于基于面解译的模型匹配识别工业零件各个组成部分，如果摄影过程中，视角方向能正确地反映该物体的特性，面解译（低级处理）就可以识别该工业零件各个组成部分。事实上，客观事物的复杂性及不同视角方位的变化，使得相同的影像可能是不同的物体。例如，图 6-39 是具有相同半径的圆球与圆柱，如果摄影方向正好位于圆球和圆柱的正上方，则其影像为具有相同半径的两个圆，如果仅用面解译来识别该零件是属于圆柱还是圆球，就遇到了困难。但是由于在 CAD 系统中，已存在该工业零件的数据结构及类型，借助于模型匹配就容易解决此类问题。因此，模型匹配用于精确识别工业零件各个不同的组成部分。为此，本节主要讨论模型匹配，即基于模型的属性关系图匹配。

    由于图匹配是计算机视觉中高级处理的一个重大课题，不可能深入地讨论，只能介绍图匹配的一些基本概念和基本算法，并对基于面解译的属性图匹配进行分析。

6.6.2   图匹配的基本概念

    在数学上，图可以定义为二元组 G：

$$G = (V, A)$$

其中，V 为节点集合；A 为连接节点的分支（边）的集合。令

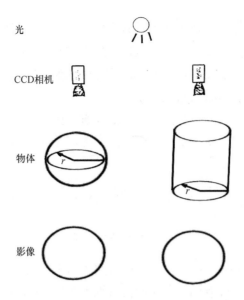

图 6-39　不同物体、相同影像（潘峰，1991；Pavlidis，1977；Shapiro，1980）

$$V : N \to S$$
$$V : N \times N \to S \cup \{e\}$$

其中，$N = \left(1, 2, \cdots, \lambda_{\text{obj}}\right)$ 为节点序号集合；S 为名称的有限非空集；e 为不在 S 中的特征符号，表示"无分支"。

因此，图匹配可以定义为（Goneil and Gotlieb，1970）：设基图 $G = (V, A)$，模式图为 $G' = (V', A')$；V，V' 为节点集合，A，A' 为分支集合，如果存在映射 T，使得：

（1）两图中相应节点具有相同的名称，即 $V'(i) = V(T(i))$，$i = 1, 2, \cdots, N$；

（2）两图中相应分支具有相同的名称；

（3）变量可以与任何名称匹配，即

$$A'(i, j) = A(T(i), T(j)) \qquad i, j = 1, \cdots, N, \qquad A'(i, j) \neq e$$

我们就称图 $G = (V, A)$ 与图 $G' = (V', A')$ 匹配。其中，

$$V' : N' \to S \cup X$$
$$A' : N' \times N' \to S \cup X \cup \{e\}$$

其中，$N' = \left(1, 2, \cdots, n'_{\text{obj}}\right)$ 为节点序号集；S 为分支名称集合；X 为变量名称集合；e 为"无分支"的特殊符号。

根据应用的实际情况，图匹配可分为图同构（graph isomorphism）、子图同构（sub-graph isomorphism）、双子图同构（double sub-graph isomorphism）。图同构被定义为：给定基图 $G_1 = (V_1, E_1)$ 和模式图 $G_2 = (V_2, E_2)$，求 V_1，V_2 之间一对一的映射（一个同构）T，使得对于 $v_1, v_2 \in V_1, V_2$；$T(V_1) = V_2$。对于 E_1 中每条连接，任何一对节点 v_1 和 $v_1' \left(v_1, v_1' \in V_1\right)$ 的分支，E_2 中必存在一条连接 $T(v_1)$ 和 $T(v_1')$ 的分支，称为图同构（Goneil and Gotlieb，1970）。子图同构被定义为：求图 $G_1 = (V_1, E_1)$ 和另一图 $G_2 = (V_2, E_2)$ 的子图之间的同构称为子图同构（Goneil and Gotlieb，1970）。双子图同构被定义为：求图 $G_1 = (V_1, E_1)$ 的子图与另一图 $G_2 = (V_2, E_2)$ 的子图同构称为双子图同构，它的搜索空间最大，困难也最大（Goneil and Gotlieb，1970）。

以前有许多关于图同构的研究，但是 Cheng 等（1981）认为：尽管存在许多图匹配算法，其匹配过程概括起来主要是两个过程，即提炼过程（refinement procedure）和树搜索过程（tree research）（图 6-40）。

图 6-40　图匹配过程（Cheng et al.，1981）

Goneil 和 Gotlieb（1970）提出了一种有效的图同构算法，该方法试图最大地提炼以减少树搜索的负担，但这种方法对子图同构表现不明显（Cheng et al.，1981）；Schmidt（1976）使用距离矩阵来提纯，但遇到与上述相同的问题；Barrow 等（1972）和 Sussenguth（1965）推广了 Unger 的分类方法对图实行同构。Berztiss（1973）增加了顶点约束和应用向前树搜索方法；Ullman（1976）利用提纯方法和回塑法搜索直至到达终节点。Unger 和 Ullman 提纯实质上是一种松弛方法。Ghahraman 等（1980）根据已有的集团（cluster）建议用两个必要条件（强、弱）实行图同构。弱条件是相对于 Ullman 提纯方法，强条件为强制性附加的松弛法。Cheng 等（1981）联合 Ullman 的[0 1]矩阵进行提纯，并用 Berztiss（1973）的 K-公式（K-formula）概念进行多级搜索。

双子图同构通过另一个著名的图问题——"小集团问题"，可以较容易地化为子图同构。尺寸为 N 的小集合是一个总体上连通的尺寸为 N 的子图。求一个图 A 的子图与一个图 B 的子图之间的同构是通过由图 A 或图 B 建立结合图 G，并求出 G 中小集团来实现的，求小集合可以用子图同构算法来完成（Ambler et al.，1975；Bron and kerbosch，1973）。

图匹配算法所需计算机的时间与输入长度的指数函数呈正比，计算量可能大得惊人。例如，图 G_1 有 n 个节点，图 G_2 有 n 个节点，用穷举法进行搜索数为

$$n! = \sqrt{2\pi n}\left(\frac{n}{E}\right)^n$$

因此，它是一个完备 NP 问题（non-polynomial-complete）（完全非多项式）。所谓 NP 问题就是说：一个非确定性算法能够以多项式时间解决这些问题。单个子图同构问题和"小集团问题"都是完备 NP 问题（完全非多项式问题）。

6.6.3　属性关系图的精确匹配

Shapiro 和 Haralick（1981）对属性关系图的精确匹配进行了严格的定义，现作简单介绍。

在定义精确匹配前，先描述映射与关系同态（relational monomorphism）的概念。

设 $R \subseteq P^N$ 是在集合 P 上 N 元关系，h 是函数，$h: P \to Q$ 映射集合 P 成集合 Q，我

们定义关系 R 与 h 的复合运算（composition）Roh 为

$$\text{Roh} = \left\{ (q_1, q_2, \cdots, q_N) \in Q \,\middle|\, (P_1, \cdots, P_N) \in R, \quad h(P_i) = q(i) \quad i = 1, \cdots, N \right\}$$

图 6-41 说明了二元关系与映射的复合运算。

设 $S \subseteq Q^N$ 是二元 N 阶 $(N-ary)$ 关系，从 R 到 S 的关系同形是映射 $h : P \to Q$，满足 $\text{Roh} \subseteq S$。也就是说，当由 N 元组描述的关系 R 来表示关系同形时，那么结果是一集合 S 的 N 元组，图 6-42 说明了关系同形的概念。

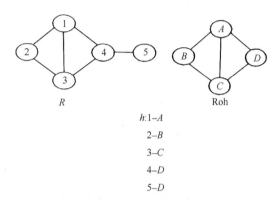

图 6-41　二元关系 R 与映射 h 的复合运算（Shapiro and Haralick，1981）

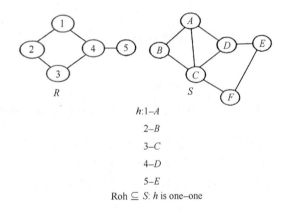

图 6-42　从二元关系 R 到二元关系 S 的关系同形（Shapiro and Haralick，1981）

关系同形把 P 中基元映射成 Q 中基元的子集，使其与原基元有相同的关系。如果集合 P 比集合 Q 数量小，那么寻找一一对应的关系同形就相当于寻找一个小目标作为大目标的一个复制（copy）。如果集合 P 与集合 Q 的数量相同，那么寻找关系同形就相当于判定两个物体是否相似。

关系同态，是一对一的关系同形，这样一个函数把 P 中每个基元映射成 Q 中唯一的基元，关系同态比关系同形具有更强的匹配形式。图 6-43 说明了关系同态。

关系同构（reiational isomorphism），从 N 维关系 R 到 N 维关系 S 的关系同构是从 R 到 S 的一对一的关系同形。h^{-1} 是从 S 到 R 的关系同形，在这种情况下，P 和 Q 有相同的元素数目。在 P 中，每个基元映射成 Q 中唯一的基元，Q 中每个基元映射成 P 中每个基元。所以在 R 中，每一元组在 S 中有一元组与其对应，反之亦然。同构是一种最强的匹配（对称匹配），图 6-44 说明了关系同构，图 6-45 说明了关系同构与关系同态的差异。

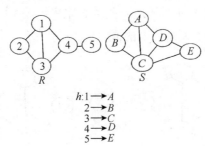

图 6-43　从二元关系 R 到二元关系 S 的关系同态图（Shapiro and Haralick，1981）

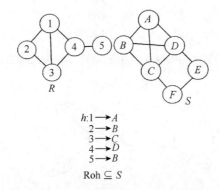

图 6-44　从二元关系 R 到二元关系 S 的关系同构（Shapiro and Haralick，1981）

由于 h^{-1} 不是从 S 到 R 的关系同态，所以映射 h 不是关系同构。

有了以上的预备知识，我们就可以对精确匹配进行定义。

设 $D_P = (P,R)$ 是原结构描述，$D_c = (Q,S)$ 是候选结构描述。设 $P = \{P_1, \cdots, P_n\}$，$Q = \{Q_1, \cdots, Q_m\}$，$R = \{(NR_1, R_1), \cdots, (NR_K, R_K)\}$ $S = \{(NS_1, S_1), \cdots, (NS_K, S_K)\}$，如果映射 $h : P \to Q$ 满足：

（1）$h(P_i) = Q_j, P_i \leqslant Q_j$；

（2）$NR_i = NS_j, R_i o h \leqslant S_j$。

我们通常就说，D_c 与 D_p 匹配。

从上述定义可以看出：精确匹配首先必须有一函数 h，它能给定从一种描述基元到另一种描述基元的对应关系；h 必须是第一个描述的每个关系到第二个描述中具有相同名称的关系同态。

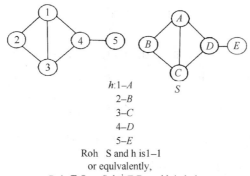

h:1—A
2—B
3—C
4—D
5—E

Roh S and h is1—1
or equlvalently,
Roh ⊆ S : Soh⁻¹ ⊆ B, and h is 1—1

图 6-45　从二元关系 R 到二元关系 S 的关系同态（Shapiro and Haralick，1981）

6.6.4　属性关系图的非精确匹配

在现实生活中，没有观测噪声和随机变换的实体，结构描述的精确匹配是一种合适的方法。遗憾的是，在现实生活中，实体的结构随机变化，在量测和观测结构关系时，常常伴随着噪声成分。我们不能期望相同阶层的两个实体有精确匹配的结构描述（Tsai and Fu，1979a）。

上述这种现象自然而然地产生了非精确匹配的概念，非精确匹配的模型是假定理想结构描述是随机变化的。伴随着每种变换的结构描述称为概率，这种结构概率是由于描述结构的随机变化而产生的（Tsai and Fu，1979b）。

在非精确匹配中，候选目标也许并不是精确地与原目标的一部分完全相同。事实上，它们也许是匹配中的遗漏或者错误的变换。类似地，在原目标中出现的某些关系也许不在候选目标中。Tsai 和 Fu（1979a，b）在 1979 年就提出来模型变化的问题。

我们用简单的距离量测来处理部分匹配问题，那就是："对于每一个属性 α，存在阈值 $t\alpha$，在候选基元中，α 的值不同于对应的原基元中的 α 的值，候选基元 C_j 非精确匹配原基元 P_i。假如原基元 P_i 中，每个元对（α，v），在候选基元 C_j 中，存在一元对（α_1，v^1），使 $\left|v - v^{-1}\right| < t\alpha$。距离测度不一定是数，但在每个应用中，必须定义其数值"。

在处理遗漏部分和遗漏关系时，我们将考虑的事实是：有些部分比其他部分更重要，有些关系比其他关系也更重要，因此我们对每个部分和每个 N 元组分配权因子，以便拓宽其定义：因此我们先介绍加权原结构描述的概念，再定义非精确匹配。

Tsai 和 Fu（1979a，b）给出了加权原结构描述："D 是四元组（4-tuple），$D = \left(P, W_P, R, W_R\right)$，其中，$P = \{P_1, \cdots, P_n\}$ 是基元集合，W_P 是加权基元函数。W_P：$P \rightarrow [0,1]$。对于集合 P 中每个基元分配一个权，满足 $\sum_i W_P\left(P_i\right) = 1$，$R = \{(NR_1, R_1), \cdots, (NR_k, R_k)\}$ 是 P 上的取名为 N 维关系的集合。$W_R = [W_1, \cdots, W_k]$ 是一组 N 元组加权函数。对于每一个 $k = 1, \cdots, K$，W_k 给关系 R 中每个 M_k 元组分配一个权，

每个 W_k 是一个函数，$W_k: R_k \to [0,1]$，满足 $\sum\limits_{r \in R_k} W_{K(r)} = 1$"。

Tsai 和 Fu（1979a，b）给出了非精确匹配的定义：设 D_P 是一加权原结构描述，D_C 是候选结构描述，设 $D_P = (P, W_P, R_P, W_{RP})$，其中，$R_P = \{(NR_1, R_1), \cdots, (NR_K, R_K)\}$，$P = \{P_1, \cdots, P_n\}$，$W_{RP} = \{W_1, \cdots, W_K\}$。设 $D_C = (C, R_C)$，其中 $C = \{C_1, \cdots, C_m\}$，$R_C = \{(NS_1, S_1), \cdots, (NS_K, S_K)\}$，设 A 是集合 P 和集合 C 中属性集，A 是属性值集合，那么 D_C 非精确匹配 D_P，对于属性域值 $T = \{ta | a \in A\}$，遗失部分阈值 t_m，关系阈值 $E\{\varepsilon_i | PR_i \in R_P\}$，假如存在映射 $h: P \to C \cup \{\Phi\}$ 满足下列条件：

（1）假如 $h(P_i) = C_j \in C$，那么对于阈值 T，C_j 非精确匹配 P_i；

（2）$\sum\limits_{\substack{P_i \in P \\ h(P_i) = \Phi}} W_P(P_i) \leqslant t_m$；

（3）假如 $NR_i = NS_j$，那么 h 关于从 R_i 到 S_i 的权 W_i 的 ε_i 同形。

在原目标与候选目标中寻求匹配，就是寻求从原基元到候选基元的映射，这种映射必须满足（Tsai and Fu，1979a，b）：

（1）每个候选基元，根据附带的原基元的阈值与它对应的原基元进行非精确匹配。

（2）这些原基元的权总和不映射到候选基元，一定不超过另一阈值。

（3）这是一个从每个原关系到候选关系的 ε 同形，其中 ε 是附带候选关系的阈值。

对于非精确匹配，Shapiro 和 Haralick（1981）提出了向前搜索法（look-ahead）和树搜索法。由于噪声和畸变（distortion）引起模式变形，使输入模式不同于所有的原模式，传统的同构弱点有两个原因：①同构方案缺少误差改正能力，仅仅适用精匹配；②处理是自然符号，它们不能处理连续的属性值（分配给节点和分支的）。

模式变形模型首先由 Tsai 和 Fu（1979a，b）提出，后来又发展了关系变形，利用误差改正实行同构和匹配判据方法，使用匹配作为状态空间（state-space）搜索问题，Tsai 和 Fu（1983）通过使用概率分布和节点及弧的加权距离来引导状态空间搜索。一个有序搜索算法来判定两个关系图的误差改正同构。

6.6.5　非精确匹配的测度

在几乎所有的影像分析和模式识别的实际应用中，影像常有噪声和畸变，因此，在图匹配或它们各自表示之间，必须要有一种相似性（距离）测度来度量一些实际问题。相似性测度被定义为（Eshera and Fu，1984）："两个物体具有相似特征最大的数，或是一个物体产生另一个物体所需要的最小改变"。在实际应用中，一个非常重要的问题是：不是这两个物体是否一致，而是这两个物体多么相似。在实际影像中，噪声和畸变能通过两个物体间的距离容差来调节，在定义和计算两个物体间（或物体的一部分）的距离测度时，我们感兴趣的是：一个物体是怎样与另一个物体（或一部分）相似。Eshera 和 Fu（1984）提出了两个属性关系图距离量测计算方法。

非精确匹配是关系模型中含有噪声、畸变的匹配，输入模式与参数模式之间必然定义一个两者用以表达相似精度或匹配程度的测度。测度有非距离测度和距离测度法，如相关系数就是一种非距离测度，在图匹配中一般采用距离测度。

为了应用距离测度，首先对图进行图文法描述（description graph grammar，DGG），Sanfeliu 和 Fu（1983）利用输入图到参考图所需要的转换数的最小数来计算距离测度，尤其是距离测度被定义为节点识别的数值加上转换数，包括节点内插、节点删除、分支内插、分支删除、节点标记替换和分支标记替换。

但对于输入图存在局部和结构变形的情况下，上述这些方法均不能采用。对于局部变形，Tsai 和 Fu（1979b）研究了使用联合语义——统计方法来解决。对于局部和结构变形，已经有许多计算距离测度的方法可供参考（Eshera and Fu，1984；Tsai and Fu，1979a；Sanfeliu and Fu，1983）。这些不同的计算距离测度的方法可以分成下列两类。

（1）提取每个图的主要特征，用 n 维矢量表示，应用欧氏距离作为距离测度。

（2）计算输入图转化成参考图所需要调节的最小数量，它包括两种方法：①通过计算外部参考图（文法）的转化；②通过计算输入图到参考图的转化。

方法（1）仅应用在那些通过指定特征定义的图，如节点数、与节点相连的角度等；方法（2）中①是通过外部参考图如文法（grammar）计算距离测度，这种距离是基于产生的输入图所用规则的最小数。这种方法的典型实例是对图和文法进行误差改正（error-correcting）。方法（2）中②是一种常见的方法，在这种情况下，我们直接计算输入图转化成参考图所需要的最小数目，这些常见的直接转换为：节点内插、节点删除、分支内插、分支删除、节点标记替换、分支标记替记、节点标记合并（merging）和节点标记分裂（splitting）。

6.6.6 基于面解译的属性关系图匹配

基于面解译的属性关系图匹配采用多级匹配方式。第一级匹配属于影像属性超图与模型属性超图之间的匹配，匹配的主要目的是识别那些投影时信息量损失较少的体素。这一步只能识别数量比较少的体素。物体一部分遮挡另一部分，同时由于体素间的拼合运算（并、交、差、补），使得大部分体素不能在第一级上正确地识别。这时进行下一级匹配（二级匹配）。二级匹配属于影像属性图与模型属性图之间的匹配，它是以面为基元，匹配能正确地识别某个区域的数量、类型（直线、曲线）。无论是一级匹配还是二级匹配，搜索过程都采用回塑搜索法。

回塑搜索法是在每一处理级上都尽量扩大前一级得到的部分解，一旦这种搜索失败，则返回到最近的部分解，重新开始新一轮的处理（荆仁杰等，1988）。

下面简单介绍回塑搜索法搜索的过程及难点。图 6-46 所示的目标结构 G_{V_A}、被标记结构 G_{V_B}。G_{V_A} 由三个不同色的结点 A、B、C 所组成，被标记结构中含有四种不同色的结点及相应的边。这里，无论是目标结构或是被标记结构都未对边赋予特性。现在的任务是在被标记结构 G_{V_B} 中搜索与 G_{V_A} 存在子同构的部分。搜索过程可由图 6-47 的搜索树来表示，这是深度优先的搜索路线，可以看出这里存在着四个子同构的结构，它们是 2-3-4、2-3-5、2-7-8 和 9-10-11。要做好这个搜索，至少应注意两个问题：其一是对于图 6-46 的 G_{V_B} 来说，如果随便以一个结点作为起点，必然会事倍功半，甚至是劳而无功的；其二是进行砍枝和选择好进行的路径。对 G_{V_B} 来说，如由 A' 或 A" 可沿 C" 和 C' 进行搜索，但在图 6-47 的搜索树内，由于这些路径都是毫无意义的，因为它们与目标结构 G_{V_B} 不相匹配，因而都被砍掉。

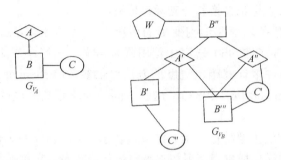

图 6-46　G_{V_A} 目标结构，G_{V_B} 被标记结构（荆仁杰等，1988）

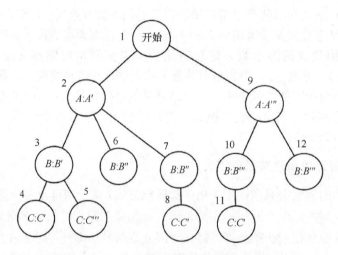

图 6-47　$G_{F_A} \diamondsuit G_{F_B}$ 的搜索树（荆仁杰等，1988）

6.7　基于面解译的模型匹配的数据结构

如何用计算机实现基于面解译的模型匹配，以及它们以怎样合情合理的数据结构进行存储和运算直接影响识别的效果和运行速度，因此必须讨论其数据结构形式（周国清和李德仁，1996）。基于面解译的模型匹配包括影像输入、影像预处理、区域分割、区域编码、影像属性关系图、模型属性关系图、模型匹配、输出结果八大步骤（图 6-48）。其中，区域编码、影像属性关系图、模型属性关系图、模型匹配是其核心内容。如何用计算机实现它们，以及它们的数据结构如何非常重要，作者在本书中提出了下面的方法。

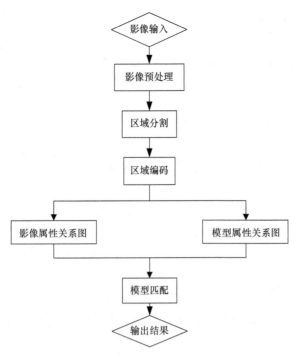

图 6-48　基于面解译的模型匹配流程图

6.7.1　区域编码

区域编码包括区域填充、边缘检测、边界矢量化、角点检测、直线段编码、区域编码。其中，区域填充得到描述属性关系图中对应节点的属性值［面积，重心坐标（X_C，Y_C），方向角 θ］；边界矢量化能得到对应节点的属性值（周长）。为了节约存储空间和加快运算速度，每个区域边界的矢量化数据都储存在同一个数据库文件里，并记录该区域的区域号及周长。每个区域的编码也储存在同一数据文件里。

6.7.2　属性关系图

根据区域指针及相邻区域是否连接构成属性关系图、属性超图，其属性名和属性值存入影像属性图数据库文件，如下面为描述区域 3（节点 3）的属性在数据库文件的格式。

其连接关系的属性（属性名，属性值）通过边界矢量指针计算获得，并将其连接关系储存在影像属性连接关系数据库文件。例如，某影像经区域分割后共 9 个区域，区域 3 与区域 5，8，9 相连。其在影像属性连接关系数据库文件的储存格式如下。

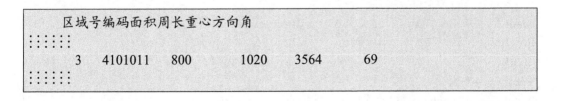

```
          1  2  3  4  5  6  7   8    9
::::::::::
       3○  ○  ○  ○  ●○  ○   ●    ●
::::::::::
```

其属性值在影像连接数据库文件如下。

区域号	连接边总数	连接边类型	斜率	坐标起	坐标终
3	2	5	1	89	8356	4335
3	2	8	0	50	4335	2463

6.7.3 模型属性关系图

模型属性关系图的数据结构与存储格式与影像属性关系图类似，这里不再强调。

6.7.4 模型匹配

模型匹配是整个过程的核心，合理地选择匹配方法对其运行时间长短起决定性作用。模型匹配分两步进行，首先匹配影像属性超图与模型属性超图，然后匹配影像属性图与模型属性图。由于影像节点属性与模型节点属性及影像边属性与模型边属性都是以数据库文件结构形式存储的，因此在主程序中，首先要用 C 语言定义其结构形式。例如，影像节点属性的结构定义如下。

```c
#define Max 10
# define MODEMAT struct modematch
MODEMAT{
    Char                type（20）;
    int                 areanum;
    int                 areacode;
    int                 area;
    int                 permiter;
    int                 centercoord;
    int                 dirangle;
} ;
main （）
{
short        i;
FILE     *fp;
fp＝fopen （"areabase.dat"，"r"）
```

```
for（i=0；i<Max；i++）
  {
  fscanf（fp, "%s %d %d %d %d %d %d", MODEMAT.type,
& MODEMAT.areanum,
& MODEMAT.areacode,
& MODEMAT.area,
& MODEMAT.permiter,
&MODEMAT.centercoord,
& MODEMAT.dirangle
    }
}
```

其他形式如影像属性图连接边、模型属性图节点的结构定义可类似。

其次是选好图匹配算法，这里选用回塑法图匹配。在回塑搜索中，首先要注意选择起始搜索点。这里采用属性超图中已匹配的独一无二的体素，作为起始搜索点。例如，工业物体中只有一个圆台或一个内环（孔）都可以作为搜索的起始点。

回塑法另一个非常重要的技术是砍枝技术，这里采用二组数组涂黑技术，如某影像经区域分割得到九个区域，区域号为 1，2，3，4，5，6，7，8，9。如果区域 3 与区域 5、区域 8 相连接，其数据结构形式如下。

```
区域号                被搜索的区域
::::::::::::
3o     o     o     o     ●     o     o     ●o
::::::::::::
```

如果区域 5 为当前搜索点，经模型匹配，找到了其在模型属性图中对应的点，则其砍枝后的数据结构形式如下。

```
区域号                被搜索的区域
::::::::::::
3o     o ooooo   o ●o
::::::::::::
其中：o不连接    ●连接
```

通过这样不断搜索、砍枝，直至最后一个节点。待整个节点匹配完之后，输出已识别的结果。

整个区域编码、影像属性图、模型属性图、模型匹配的计算机实现过程及数据结构可用图 6-49 的框图说明。

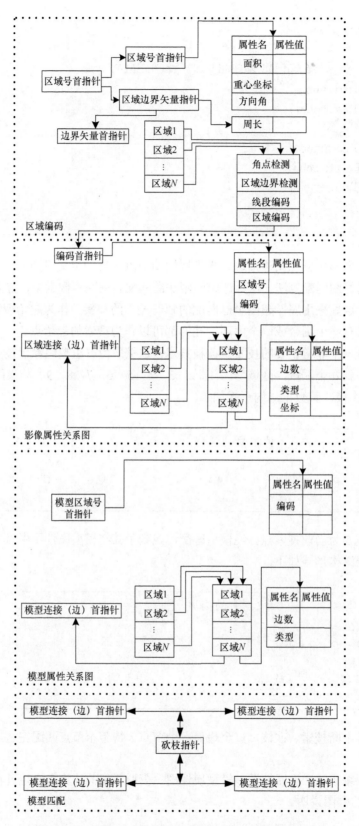

图 6-49　基于面解释的模型匹数据结构及计算机实现框图

6.8 实例分析及结论

本书作者在 Siemens 图形工作站上对如图 6-50 所示的工业零件进行了试验,试验影像为模拟影像。模拟影像设计了 1/2 圆柱与立方体的布尔加及圆台与 1/2 圆柱的布尔加运算;同时设计了 1/4 圆柱与立方体,圆柱与立方体的布尔差运算。这样设计的影像其目的是测试基于面解译的模型匹配是否能正确地识别不同体素的配置情况下的体素。其识别过程是:

图 6-50 原始影像

1. 区域分割

区域分割是采用第 3 章所述边界检验方法。在检测边界过程中,对于相邻的两个面,由于反差小而无法检测出它们的公共边界(分割不完全),或公共边界检测的边界有断裂时,则要用人工干预和借助于先验知识。由于本书所采用的影像属性模拟影像,不存在分割不完全的情况,但出现了边界断裂的情况,这时只要采用第 3 章已讨论的方法就可以。其分割后的影像见图 6-51。

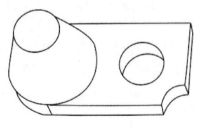

图 6-51 分割后的影像

2. 区域(边界)编码

为了对分割后的线图区域进行编码,需要区域填充、区域边界检测、细化、去毛刺、区域边界矢量化、区域边界角点检测、矢量数据重排序,线段的直、曲线判定、区域编码等步骤。现分述如下。

区域填充。区域填充采用种子点区域填充方法,由于 C 语言具有递归功能,所以采用了四邻域、种子点、递归法区域填充。

区域边界检测。经区域填充的影像为二值影像,边界检测采用如图 6-52 所示的简单算子,阈值为 20,然后再细化,去毛刺,得到只含一个像素宽的边界。

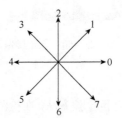

$g(i,j)$	$g(i,j+1)$
$g(i+1,j)$	$g(i+1,j+1)$

图 6-52　简单边缘检测算子

$$A = \sqrt{g_x^2 + g_y^2}$$

其中，$g_x = g(i,j) - g(i+1,j+1)$；$g_y = g(i,j+1) - g(i+1,j+1)$。

区域边界矢量化。边界矢量化采用八邻域的边界跟踪算法（图 6-53），在跟踪过程中，对于已跟踪的点立即充零，以防止跟踪进入死循环。

图 6-53　边缘跟踪

区域边界角点检测。经跟踪后的边界为矢量数据，对于矢量数据的角点检测，采用曲率极值点方法。曲线上某点的曲率是指 P_i 的左向 K 步斜率与右向 K 步斜率的差（本书 $K=3$）。在求曲线极值时由于不同的阈值，使同一个角点上出现几个极值点，这时需要抑制局部非最大。

矢量数据重新排序。经上述角点检测后，为了判定相邻两角点之间线段是直线还是曲线，需要对原始矢量数据重新排序，排序的起始点定为某角点。

判定线段的直、曲线。经上述矢量数据的重新排序，就可根据每线段两端点的坐标判定该线段是直线还是曲线。

区域边界线编码。经上述处理就可以对该区域的边界进行编码，编码根据线段总数，线段是直线还是曲线进行。

3. 属性关系图

根据区域分割后的可视表面，将区域分为 1，2，…，区域之间的连接根据相邻区域边界矢量数据是否有相同的坐标来决定。区域的属性包括属性名、属性值，按本章制定的规则进行定义，其中面积从区域填充获得，周长从边界跟踪–矢量化获得。

4. 面解译辅助视素属性图，属性超图构成

首先将上述各个区域的编码与编码标记库中的编码匹配，找到一致性编码，然后根据组合原则构成视素属性图。对于编码库不存在的编码，按分割原则，实行区域分割、

重编码，最后构成属性超图。

5. 模型属性超图，属性图构成

直接根据 CAD 数据结构构成属性超图、属性图（图 6-54、图 6-55）。其属性（属性名、属性值）按本章制定的规则来定义。

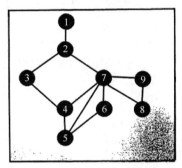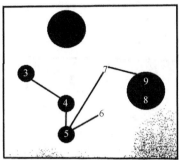

图 6-54   影像属性图、属性超图

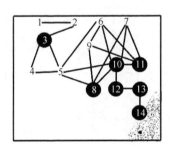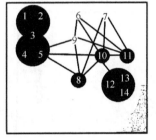

图 6-55   模型属性图、属性超图

6. 属性关系图匹配

模型图与投影图的匹配采用回塑法。在匹配过程中，选择圆台作为起始点，因为整幅影像只有一个圆台，同时采用二维数组充零方法砍枝。

7. 输出识别结果

经上述匹配后，就能识别该工业零件的各个组成部分（图 6-56），输出识别的结果。

整个试验过程从输入影像到输出结果花费 7~8 分钟。

从试验结果可以得出如下结论。

（1）基于面解译的模型匹配能识别复杂工业零件的各个组成部分（体素）。

（2）基于面解译的模型匹配能重建复杂工业零件的拓扑信息。

（3）用区域的编码标记、编码结合、编码分割原则进行面解译，能进行低级视觉处理，能粗识别工业零件各个组成部分。

（4）面解译能辅助属性关系超图构成，基于面解译的模型匹配识别工业零件体素很容易找到搜索的起点，能减少搜索时间，加快模型匹配，从而达到精确识别工业零件的各个组成部分——体素的目的。

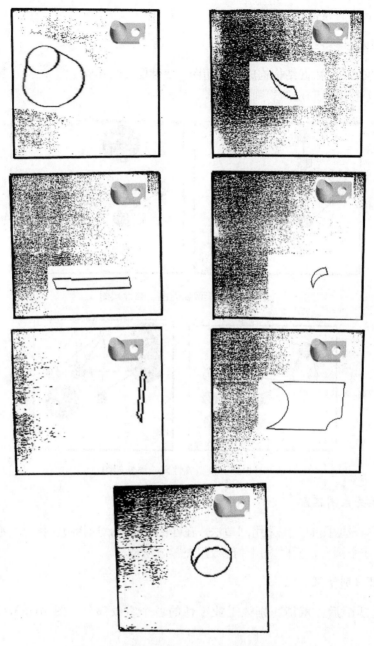

图 6-56　基于面解译的模型匹配识别的体素

6.9　本章小结

　　为了用线摄影测量对复杂工业零件进行量测与重建，其前提是首先要识别复杂工业零件各个组成部分（体素）；同时在重建复杂工业零件时，除了重建几何信息外，还必须重建拓扑信息。为此，本章提出了基于面解译的模型匹配识别工业零件的各个组成部分，借此重建其拓扑信息的方法。围绕着这个目的，本章做了以下七项工作。

（1）分析了工业零件各个组成部分（体素）识别的特点及处理对策。

（2）提出了以面作为基元的面解译原则，包括编码标记、编码组合、编码分割原则。通过面解译可以对复杂工业零件进行粗识别，能辅助属性关系图、视素属性图、属性超图的构成。

（3）阐述了视觉心理学、视觉生理学对面解译的启迪，非偶然性性质是基于面解译的模型匹配的基础。

（4）提出了以面作为基元的属性图、视素属性图、属性超图的构成原则和属性名、属性值的规则。

（5）提出了根据 CAD 中边界表示（B-rep）的数据结构确定节点，翼边结构确定节点之间的连接——边的模型属性图构成方法。

（6）讨论了如何用计算机实现基于面解译的模型匹配识别工业零件各个组成部分的数据结构。包括区域编码指针设计、属性关系图、属性超图的属性的结构表示（C 语言结构形式）和回塑法图匹配中，用二维数组填充方式砍枝等技术。

（7）最后通过对复杂工业零件的模拟影像试验得出了以下结论：①基于面解译的模型匹配能有效识别复杂工业零件的各个组成部分（体素）；②基于面解译的模型匹配能重建复杂工业零件的拓扑信息；③用区域的编码标记、编码结合、编码分割原则进行面解译，能进行低级视觉处理，能粗识别工业零件各个组合部分；④面解译能辅助属性关系超图构成，基于面解译的模型匹配识别工业零件体素很容易找到搜索的起点，减少搜索时间，加快模型匹配速度，从而达到精确识别工业零件的各个组成部分——体素的目的。

参 考 文 献

荆仁杰, 叶秀清, 徐胜荣, 等. 1988. 计算机图像处理. 杭州: 浙江大学出版社

李介谷. 1991. 计算机视觉的理论与实践. 上海: 上海交通大学出版社

潘峰. 1991. 利用面的三维特性匹配多面体线图. 模式识别与人工智能, 4(4): 34～39

任仲贵. 1991. CAD/CAM 原理. 北京: 清华大学出版社

徐建华. 1992. 图像处理与分析. 北京: 科学出版社

周国清, 李德仁. 1996. 基于面解译的模型匹配识别体素. 测绘学报, 25(1): 37～45

Ambler A P, Barrow H G, Brown C M, et al. 1975. A versatile computer controlled assembly system. Artificial Intelligence, 6: 129～156

Ayach N. 1983. A model-based vision system to identify and locate partially visible industrial parts. In Proceeding Conference on IEEE Computer Vision and Pattern Recognition, Washington, DC, 492～494

Barrow H G, Ambler A P, Burstall R M. 1972. Some techniques for recognizing structure in pictures. Frontiers of Pattern Recognition. In: Watanabe C S. 1～29

Baumgart B G. 1972. Winged edge polyhedron representation. Stanford Artificial Intelligence Project, MEMO AIM-179, STAN-CS-320, Computer Science Department School of Humanities and Sciences Stanford University, October

Berztiss A T. 1973. A back track procedure for isomorphism of directed graphs. Journal of Association for Computing Machinery (ACM), 20: 365～377

Besl P J, Jain R. 1986. Invariant surface characteristics for 3D object recognition in range images. Computer Vision, Graphics and Image Processing (CVGIP), 33: 33～80

Bhanu B. 1984. Representation and shape matching of 3D object. IEEE Transactions on Pattern Analysis and

Machine Intelligence (PAMI)-6, 340~351

Bhanu B, Ho C C. 1987. CAD-based 3D Object representation for robot vision. Computer, 19~35

Bhanu B, Nuttall L A. 1989. Recognition of 3D-object in range images using a butterfly multiprocessors. Pattern Recognition, 22(1): 49~64

Biederman I. 1985. Human image understanding: Recent research and a theory. Computer Vision. Graphics and Image Processing (CVGIP), 29~73

Bolles R C, Cain R A. 1982. Recognizing and locating partially visible objects: The local feature-focus method. International Journal of Robotics Research, 1(3): 637~643

Bolles R C, Horaud P. 1986. 3DPO: A three-dimensional part orientation system. International Journal of Robotics Research, 5(3): 3~20

Bron C, Kerbosch J. 1973. Algorithm 457: Finding all cliques in an undirected graph(H). Journal of Association for Computing Machinery (ACM), 16: 575~577

Brooks R A. 1981. Symbolic reasoning among 3-D models and 2-D images. Artificial Intelligence, 17: 285~348

Brooks R A. 1983. Model-based three-dimensional interpretations of two-dimensional images. IEEE Transactions on Pattern Analysis and Machine Intelligence (PAMI)-5, 3: 140~150

Chakravarty I, Freeman H. 1982. Characteristic views as basis for three-dimensional object recognition. In Proceeding SPIE Conference on Robot Vision, Arlington, VA, May, 37~45

Chakravarty I. 1979. A generalized line and junction labeling scheme with application to scene analysis. IEEE Transactions on Pattern Analysis and Machine Intelligence (PAMI)-1, 2: 202~205

Cheng J K, Huang T S, Lafayette W A. 1981. Subgraph isomorphism algorithm using resolution. Pattern Recognition, 13(5): 371~379

Clowes M B. 1971. On seeing things. Artificial Intelligence, 2(1): 79~112

David J K, Pone J. 1990. On recognizing and positioning curved 3D objects from image contours. IEEE Transactions on Pattern Analysis and Machine Intelligence (PAMI)-12, 2: 1127~1137

Eshera M A, Fu K S. 1984. A graph distance measure for image analysis. IEEE Transactions on Systems, Man and Cybernetics(SMC)-14, 3: 398~408

Eshera M A, Fu K S. 1986. An image understanding system using attributed symbolic representation and inexact graph-matching. IEEE Transactions on Pattern Analysis and Machine Intelligence (PAMI)-8, 5: 604~617

Fan T J, Medioni G, Nevatia R. 1989. Recognition 3-D object using surface descriptions. IEEE Transactions on Pattern Analysis and Machine Intelligence (PAMI)-11, 11: 1140~1157

Faugeras O D, Hebert M. 1986. The representation, recognition and locating of 3D object. International Journal of Robotics Research, 5(3): 27~52

Floriani L D. 1989. Feature extraction from boundary models of three dimensional objects. IEEE Transactions on Pattern Analysis and Machine Intelligence (PAMI)-11, 8: 785~798

Flynn P J, Jain A K. 1991a. CAD-based computer vision: from CAD models to relational graphs. IEEE Transactions on Pattern Analysis and Machine Intelligence (PAMI)-13, 2: 114~132

Flynn P J, Jain A K. 1991b. 3D object recognition on using constrained search. IEEE Transactions on Pattern Analysis and Machine Intelligence (PAMI)-13, 10: 1066~1075

Fu K S. 1982. Attributed grammars for pattern recognition—a general (syntactic, semantic) approach. IEEE Signal Processing, 18~27

Fu K S. 1983. A step towards unification of syntactic and statistical pattern recognition. IEEE Transactions on Pattern Analysis and Machine Intelligence (PAMI)-5, 200~205

Galvez J M, Canton M. 1993. Normalization and shape recognition of three dimensional object by 3D moments. Pattern Recognition, 26(5): 667~681

Ghahraman D E, Wong A K C, Au T. 1980. Graph optimal monomorphism algorithms. IEEE Transactions on Systems, Man and Cybernetics (SMC)-10, 4: 189~196

Goad C. 1983. Special-purpose automatic programming for 3D model-based vision. In Proceeding on Image Understanding Workshop, 94~104

Grimson W E L, Lorzano-Péréz T. 1987. Recognition and localization of overlapping points from space data. In: Kanade T. Three-Dimensional Machine Vision

Grimson W E L, Lozano-Péréz T. 1984. Model-based recognition and localization from sparse range or tactile data. International Journal of Robotics Research, 3: 3~35

Goneil D G, Gotlieb C C. 1970. An efficient algorithm for graph isomorphism. Journal of Association for Computing Machinery (ACM), 17: 51~64

Gunarsson K T, Prinz F B. 1987. CAD-based localization of parts in manufacturing. Computer, 66~74

Guzman A. 1968. Computer recognition of three dimensional objects in a visual scene. MAC-TR-59, MIT, Cambridge, MA

Hansen C H, Henderson C. 1989. CAGD-based computer vision. IEEE Transactions on Pattern Analysis and Machine Intelligence (PAMI)-11, 11: 1181~1193

Hebert M, Kanade T. 1985. The 3D-profile method for object recognition. In Proceeding IEEE Conference on Computer Vision and Pattern Recognition, San Francisco, 458~463

Hoffman D, Richards W. 1985. Parts of recognition, in from pixels to predicates. Corporation, 18(2): 65~96

Horn B K P. 1984. Extended Gaussian images. In Proceeding IEEE Transactions on Pattern Analysis and Machine Intelligence (PAMI)-72, 12: 1671~1686

Huffman D A. 1971. Impossible object as nonsense sentences. In: Meltzer B, Michle D. Machine Intelligence, 295~323

Ikeuchi K. 1987. Procompiling a geometrical mode into an interpretation tree for object recognition in bin-picking tasks. In Proceeding on Defense Advanced Research Projects Agency(DARPA)Image Understanding Workshop, 321~339

Joshi S B. 1987. CAD interface for automated process planning. Ph D Dissertation Purdue University, West Lafayette, in August

Kanade T. 1978. A theory of origami world. Technical Report, Carnegie-Mellon University, Pittsburgh, PA.

Kyprianou L K. 1980. Shape classification in computer–aided design. Ph. D. Dissertation, Cambridge University, Cambridge, England, July

Lee S J, Haralick R M., Zhang M X. 1985. Understanding objects with curved surface from a single perspective view of boundaries. Artificial Intelligence, 26: 145~169

Lee Y C, Fu K S. 1987. Machine understanding of CSG: Extraction and unification of manufacturing features. IEEE Computer Graphics Applications, 20~32

Leyton M. 1984. Perceptual organization as nested control. Biological Cybernetics, 51: 141~153

Liu W C, Chen T W. 1988. CSG-based recognition using range image. IEEE in Proceeding, 99~103

Lu S Y, Fu K S. 1978. Error-correcting tree automatic for syntactic pattern recognition. IEEE Transactions on Pattern Analysis and Machine Intelligence (PAMI)-3: 1~27

Marefat M, Kashyap R L. 1990. Geometric reasoning for recognition of three-dimension object features. IEEE Transactions on Pattern Analysis and Machine Intelligence (PAMI)-12, 10: 949~965

Marr D, Nishihara K. 1979. Representation and recognition of the spatial organization of three-dimensional shapes. In Proceeding of the Royal-London, B. Zoo, 269~294

Nakamura O, Kobayashi K, Nagata H. 1988. A study on description and recognition of objects based on segment and normal vectorial distributions. In Proceeding on SPIE, 1001: 574~581

Nevatia R, Binford T O. 1977. Description and recognition of complex-curved objects. Artificial Intelligence, 8: 77~98

Oshima M, Shirai Y. 1979. A scene description method using three-dimensional information. Pattern Recognition, 11: 9~17

Oshima M, Shirai Y. 1983. Object recognition using three-dimension information. IEEE Transactions on Pattern Analysis and Machine Intelligence (PAMI)-3, 3: 353~361

Pavlidis T. 1977. Structural Pattern Recognition. New York: Springer-verlag

Reeves A P, Prokop R J, Andrews S E, et al. 1988. Three-dimensional shape analysis using moments and Fourier descriptors. IEEE Transactions on Pattern Analysis and Machine Intelligence(PAMI)-10, 6: 937~943

Sanfeliu A, Fu K S. 1983. A distance measure between attributed relational graphs for pattern recognition. IEEE Transactions on Systems, Man and Cybernetics (SMC)-13, 3: 353~362

Schmidt D C. 1976. A fast back tracking algorithm to test directed graphs for isomorphism using distance matrices. Journal of Association for Computing Machinery (ACM), 23: 433~445

Shapiro L G A. 1980. Structural model of shape. IEEE Transactions on Pattern Analysis and Machine Intelligence(PAMI), 13: 273~284

Shapiro L G, Haralick R M. 1981. Structural descriptions and inexact matching. IEEE Transactions on Pattern Analysis and Machine Intelligence (PAMI)-3, 5: 504~519

Silberberg T M, Davis L S, Harwood D. 1984. An iterative Hough procedure for three-dimensional object recognition. Pattern Recognition, 17(6): 66~74

Staley S M. 1983. Using syntactic pattern recognition to extract feature information from a solid geometric data base. Journal of Association for Computing Machinery (ACM)-2: 61~66

Stokely E, Wu S Y. 1992. Surface parameterization and curvature measurement of arbitrary 3D object: Five practical methods. IEEE Transactions on Pattern Analysis and Machine Intelligence (PAMI)-14, 8: 835~840

Sussengurh E H. 1965. Algorithm for matching chemical structures. J chem Doc, 5: 34~43

Teversky B, Hemenaky K. 1984. Objects, parts and categories. J Exp Psgchol Gen, 3: 169~193

Tsai W H, Fu K S. 1979a. Error-correcting isomorphism of attributed relational graphs for pat-tern analysis. IEEE Transactions on Systems, Man and Cybernetics (SMC)-9, 757~768

Tsai W H, Fu K S. 1979b. A pattern deformational model and Bayes error-correcting recognition system. IEEE Transactions on Systems, Man and Cybernetics (SMC)-9, 12

Tsai W H, Fu K S. 1983. Subgraph error-correcting isomorphism for syntactic pattern recognition. IEEE Transactions on Systems, Man and Cybernetics (SMC)-13, 1: 48~62

Turner K J. 1974. Computer perception of curved objects using a television camera. Ph. D. Dissertation Edinburgh University, Edinburgh Scotland

Ullmann J R. 1976. An algorithm for subgraph isomorphism. Journal of Association for Computing Machinery (ACM), 23: 31~42

Venntri B C, Aggarwal J K. 1988. Localization of objects from range data. IEEE Conference Computer Vision Pattern Recognition, 893~898

Walker E L, Herman M. 1988. Geometric reasoning for constructing 3D scene descriptions from images. Artificial Intelligence, 37: 275~290

Wallace T P, Wintz P A. 1980. An efficient three-dimensional aircraft recognition algorithm using normolizing fourier descriptors. Computer Vision, Graphics and Image Processing (CVGIP), 13: 96~126

Waltz D L. 1975. Understanding line drawings of scenes with shadows. In: Winston P. The Psychology of Computer Vision

Wang Y, Jacobsen K. 1992. Model based fast recognition of the structure of industrial workpieces. University of Hannover Report, 343~348

Wang Y F, Maggee M J, Aggarwal J K. 1984. Matching three dimensional objects using silhouettes. IEEE Transactions on Pattern Analysis and Machine Intelligence (PAMI)-6, 4: 1105~1118

Wang W, Iyengar S S. 1992. Efficient data structures for model-based 3D object recognition and localization from range images. IEEE Transactions on Pattern Analysis and Machine Intelligence (PAMI)-14, 10: 1035~1045

Wang R, Freeman H. 1990. Object recognition based on characteristic view classes. In Proceeding IEEE

Conference Pattern Recognition, 8~12

Wang Y F, Maggee M J, Aggarwal J K. 1984. Matching three-dimensional objects using sithouettes. IEEE Transactions on Pattern Analysis and Machine Intelligence (PAMI)-6, 4: 513~518

Waston L T, Shapiro L G. 1982. Identification of space curves from two-dimensional perspective views. IEEE Transactions on Pattern Analysis and Machine Intelligence (PAMI)-4, 5: 371~393

Weiss I. 1988. Projective invariants of shapes. The First InternationalConference of Computer Vision, 291~297

Woo T C. 1982. Feature extraction by volume decomposition. In ProceedingConference CAD/CAM Technology Mechanical Engineering, MIT Cambridge, Mar., 76~94

Wong A K C, Lu S W, Rioux M. 1989. Recognition and shape synthesis of 3-D objects based on attributed hypergraphs. IEEE Transactions on Pattern Analysis and Machine Intelligence (PAMI)-11, 3: 279~290

Wong A K C, Lu S W. 1983. Representation of BD objects by attributed hypergraphs for computer vision. In Proceeding International Conference Systems, Man Cybernet, 49~53

Zhou G Q. 1997. Primitive recognition using aspect-interpretation model matching in both CAD-and LP-based measurement systems. ISPRS Journal of Photogrammetry and Remote Sensing, 52(1997): 74~84

第7章 线摄影测量系统

7.1 系 统 简 介

作者围绕线摄影测量，对基于 CAD 表示的工业零件进行自动量测与重建，设计了一个系统（图 7-1），现介绍该系统及各个模块的功能。

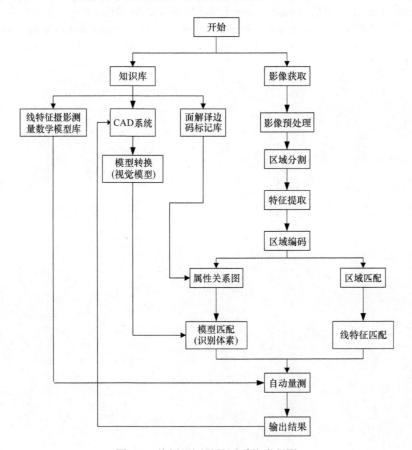

图 7-1 线摄影测量量测系统流程图

1. 影像获取

影像获取主要是指用 CCD 相机和软片扫描数字化而获得影像，并将该影像转化为本系统所采用的数据格式，提供有关分辨率（像素尺寸）大小的信息。另外，还包括提供 CCD 相机几何改正和辐射改正的功能。

2. 影像预处理

影像预处理主要有摄影机内、外方位元素确定（定标），像片内定向（纠正）、噪声剔除等功能。

（1）摄影机内、外方位元素确定（定标）：包括直接线性变换（DLT）和空间后方交会这两种方法，精确确定内、外方位元素。

（2）像片内定向（纠正）：主要是针对框标摄像机数字化影像，其计算公式见（张剑清，1988）。

（3）噪声剔除：各种传统去噪声方法，包括 3×3、5×5 中值滤波，3×3、5×5 移动平均法滤波保护边缘平滑法滤波、线性变换、非线性变换、直方图平坦化。

另外，该模块还具有影像反转、影像剪切、开窗、影像数据压缩（金字塔）等功能。

3. 区域分割

区域分割主要包括常见的边缘检测算子，如 Laplacian 算子、Kirsch 算子、Zero-Crossing 算子、Prewitt 算子、Hough 变换及作者在本书中提出的新边缘检测算子。

4. 特征提取

特征提取主要是用于区域匹配、线特征匹配有用的特征，如区域面积、区域周长、角点、质心矩。其中，角点检测算子有 Förstner 算子、矢量数据的曲率极值方法及作者在本书中提出的方法。

5. 区域编码

区域编码主要用于区域编码，另外，针对在角点检测时出现漏检测或多检测的情况，该模型设置了人机交互方式辅助角点检测。

6. 属性关系图

属性关系图包括属性图、视素属性图、属性超图的构建。在构成属性超图时，要进行面解译来辅助其构成，这时需调用面解译边码库的边码。

7. 区域匹配

区域匹配是基于区域边码，同时考虑区域的面积、周长、质心矩等属性数据。

8. 线特征匹配

线特征匹配是在正确的区域匹配的基础上，根据区域边码检索的直线码及直线特征（如斜率）来找出同名区域内的同名特征线。

9. 模型匹配

该模块仅仅具有回塑法图匹配算法功能。

10. 自动量测

主要是根据模型匹配中识别的体素，调用线摄影测量数学模型的软件包，目前，该软件包已囊括了圆球、圆柱、椭圆、立方体（直线）、平面与圆柱相交、圆球与圆球相交、圆柱与圆柱相交这七种数学模型，以后有待进一步扩充。

11. 输出结果

除了输出量测的工业零件的几何信息和位置信息外,还可以进行各种图形显示,如正轴侧投影、斜轴侧投影、景观图、互补色图等。

12. 知识库

知识库主要包括 CAD 系统、线摄影测量数学模型软件包、面解译边码库。

13. 模型转换

该模块的主要功能是将 CAD 系统内某工业零件的数据结构转化成用于视觉处理的视觉模型。

14. 面解译边码标记库

该模块主要包括了十种常见体素的可视表面边码库、边码组合库。

15. 线摄影测量数学模型软件包

见上述自动量测模块。

另外,为了使系统的功能更加完善,作者还根据传统的贴标志和激光投射点测量可见表面的三维坐标的特点,研究和发展了基于特征点最小二乘匹配方法求解三维坐标的软件,其设计框图见图 7-2。其目的有两个:一是防止出现这类工业零件的量测;二是在必要的情况下,将该方法量测结果与线摄影测量方法量测结果进行比较。

图 7-2 最小二乘匹配量测可视表面的流程图

7.2 实例分析及结论

为了验证该系统各个模块的功能、整个系统的可行性及线摄影测量对实际物体量测所达到的精度，作者选用实际物体进行试验，现简介如下。

1. 量测对象

选用某轴承基座工业零件作为量测对象，该部件设计尺寸均可以在设计书上查到。

2. 硬件设备

主要有 Siemens 图形处理工作站、CCD 摄像机。

（1）Siemens 图形处理工作站：该工作站与 Siemens 主机相连。

（2）CCD 摄像机：即电荷耦合器件是由摄像头和电源组成。相机头主要由光学透镜和 CCD 固态面阵组成，其中 CCD 面阵是由 CCD 光敏按行列整齐排列起来的感光面，CCD 像机就是利用 CCD 光电转换功能把投射到 CCD 面阵上的光学图像转换为电信号"图像"，即转化为与景物亮度呈正比的电荷包，然后利用移位寄存器功能将这些电荷包"自扫描"到同一输出端，形成幅度不等的实时脉冲序列，再经信号传进图像采集卡中。

3. 软件

整个系统由作者开发并通过调试完成。

4. 实验结果

将一实际工业零件，通过 CCD 成像，输入到该系统，经系统处理得到一系列试验结果：图 7-3 为立体像对；图 7-4 为去除噪声，边缘增强后的影像；图 7-5 为区域分割后的影像；图 7-6 为用量测的参数重建的影像；表 7-1、表 7-2 为轴承基座参数设计值与计算值。

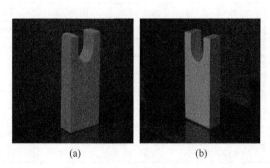

(a)   (b)

图 7-3　原始影像

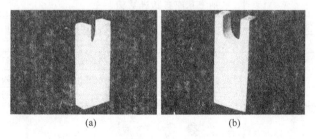

(a)   (b)

图 7-4　去噪声，边缘增强后影像

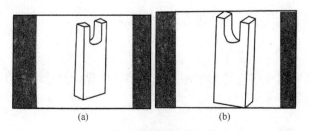

图 7-5　区域分割后影像

图 7-6　重建影像

表 7-1　轴承基座参数设计值　　　　　　　　　　　　　　（单位：cm）

点号	设计值			计算值		
	X	Y	Z	X	Y	Z
1	0.0	154.5	38.0	0.003	154.5073	37.8993
2	21.0	154.5	38.0	21.003	154.5073	37.8993
3	21.0	154.5	0.0	21.003	154.5079	0.003
4	0.0	154.5	0.0	0.003	154.5079	0.003
5	69.0	154.5	38.0	69.0055	154.5055	37.9803
6	91.0	154.5	38.0	91.0055	154.5055	79.9803
7	91.0	154.5	0.0	91.0055	154.5055	0.001
8	69.0	154.5	0.0	69.0055	154.5055	0.001
9	91.0	0.0	0.0	91.0030	0.006	0.008
10	0.0	0.0	0.0	0.0030	0.006	0.008
11	0.0	0.0	38.0	0.0030	0.006	37.988
12	91.0	0.0	38.0	91.0030	0.006	37.988
13	21.0	130.0	38.0	21.009	130.014	37.960
14	69.0	130.0	38.0	69.039	130.014	37.960
15	69.0	130.0	0.0	69.039	130.027	0.001
16	21.0	130.0	0.0	21.009	130.027	0.001

表 7-2　轴承基座参数计算值　　　　　　　　　　　　　　（单位：cm）

	设计值			计算值		
中心坐标	X	Y	Z	X	Y	Z
	45.5	130.0	0.0	45.503	130.003	−0.026
半径 r	23.5			23.500		
高 H	38.0			38.009		

参 考 文 献

张剑清. 1988. 数字摄影测量. 武汉：武汉测绘科技大学讲义

后　记

本书系统地阐述了用线摄影测量对基于 CAD 表示的工业零件进行自动量测和重建的理论、方法和实验。书中从影像获取、影像预处理、区域分割、特征提取、影像解译、体素识别、区域匹配、线特征匹配、模型匹配、线摄影测量数学模型，以及 CAD 模型转化成视觉模型等方面作了详细的讨论和分析；并对一些传统的算法，诸如 Prewitt 算子、Zero-Crossing 算子、Förstner 算子和 Hough 变换，作了深入的研究，最后开发了基于线摄影测量对 CAD 表示的工业零件进行自动量测与重建系统。全书的主要内容及学术贡献体现在以下六个方面。

（1）在分析视觉模型和 CAD 模型后，根据线摄影测量的数学模型提出了线摄影测量所采用的 CAD 系统中的造型模型是 CSG 和 B-rep 相结合的方法。

（2）对一些常见的边缘检测算子，如 Zero-Crossing 算子、Hough 变换在检测边缘时，其定位能力作了进一步的分析和研究，并用试验验证了这些算子在定位精度上不足。最后提出了以灰度残差平方和最小，以进入零区为约束条件的边缘检测算法。

（3）分析了 Förstner 算子定位角点的精度，提出了一种高精度定位角点的算法。

（4）讨论了各种情况下线摄影测量的数学模型，并建立了软件包。

（5）根据视觉心理学的研究成果，提出了基于面解译的模型匹配识别复杂工业零件的各个组成部分——体素，并制定了各种编码规则，由此建立了面解译边码标记库、面结合和面分割原则。

（6）最后介绍了作者开发的基于 CAD 的线摄影测量对工业零件进行自动量测与重建的系统。尽管该系统仍有许多需要完善的地方，功能仍需要加强、扩充，但其框架已基本形成。

本书较详细的学术贡献可参阅各章节，但仍有许多理论算法和实验未能如愿列入正文，如矢量数据的快速角点定位法、基于面解译的区域匹配、同时顾及区域边码的线特征匹配、图匹配的树搜索快速算法。

作者提出的线摄影测量理论只能起到抛砖引玉的作用，还有许多工作需要去做，如使功能更强、更完善、更全面，同时顾及可靠性、精度的线摄影测量数学模型软件包的研制；如何从 CAD 数据结构快速转化为视觉模型（属性图、表面曲率、表面法方向等特征）；不完善的分割对量测与重建的影响；量测的精度和可靠性的进一步分析；图匹配的其他算法等的研究。作者深信随着问题研究的深入，必将使这一研究领域更完善、更具体、更全面，使之能为中国制造 2025 做出有益的贡献。

作 者 简 介

周国清，博士，教授（Ⅱ级），博士生导师，现任桂林理工大学副校长。1994年获武汉测绘科技大学（现为武汉大学）摄影测量与遥感专业博士学位，先后在北京交通大学信息科学研究所、德国柏林工业大学（德国洪堡学者Alexander von Humboldt-Foundation）、美国俄亥俄州立大学从事科学研究。自2000年，在美国老道明大学任教并担任空间制图和信息研究中心主任，相继破格晋升为副教授（2005年）和正教授（2010年）。2011年，入选第六批国家"千人计划"学者，并担任"十二五"国家863计划对地观测与导航技术领域主题专家组专家。周国清教授多年来一直致力于摄影测量与遥感的教学与科学研究。